智能测绘科学与工程系列教材

基于C#语言的测量数据处理程序设计

杨立君　苗立志　姜杰　杨静　康亚　编著

武汉大学出版社

图书在版编目(CIP)数据

基于 C#语言的测量数据处理程序设计 / 杨立君等编著 . -- 武汉：武汉大学出版社,2025.1. -- 智能测绘科学与工程系列教材 . -- ISBN 978-7-307-24608-9

Ⅰ . P2-39

中国国家版本馆 CIP 数据核字第 20244A44V7 号

责任编辑:史永霞　　　责任校对:鄢春梅　　　版式设计:马　佳

出版发行:**武汉大学出版社**　（430072　武昌　珞珈山）
（电子邮箱:cbs22@whu.edu.cn 网址:www.wdp.com.cn）
印刷:湖北恒泰印务有限公司
开本:787×1092　1/16　印张:14　字数:357 千字　插页:1
版次:2025 年 1 月第 1 版　　2025 年 1 月第 1 次印刷
ISBN 978-7-307-24608-9　　定价:49.00 元

版权所有,不得翻印;凡购买我社的图书,如有质量问题,请与当地图书销售部门联系调换。

前　　言

　　测绘是一门古老的技术，它是我们的祖先在屯田、垦殖、兴修水利以及城市规划的实践中逐渐总结形成的，随着政治、经济、军事等活动的开展而得以发展。随着经济的发展，过去利用机械和光学原理制造的手动测量工具，发展为今天基于激光、红外、电子等技术的自动化仪器。测绘技术的发展经历了模拟测绘、数字化测绘和信息化测绘三个阶段，目前正在向智能化测绘阶段迈进。纵观测绘技术的发展，测绘仪器、测绘对象、服务领域都发生了极大的变化，然而基于最小二乘原理的测量数据平差方法在本质上并没有发生变化，在未来的测量数据处理中仍然会发挥不可替代的作用。距离测量、角度测量以及高程测量在相当长的一段时间内都能提供必需的测量数据，处理这些数据的平差处理技术不管是在测绘技术发展的哪个阶段都具有重要的意义。以测量数据为研究对象、以间接平差方法为主要数据处理手段、以测量数据智能化处理为最终目标的测量数据处理与程序设计训练，对于测绘类本科生专业知识的掌握、计算机应用能力的提高以及未来的职业发展都具有重要的作用。

　　本书根据本科生知识能力，基于渐进思想组织内容，分为 7 章：第 1 章为测量数据处理 C♯语言应用基础，第 2 章为测量数据处理常用类的定义与应用，第 3 章为测量平差基础类的设计与实现，第 4 章为水准网平差程序设计与实现，第 5 章为导线网间接平差程序设计与实现，第 6 章为 GNSS 网间接平差程序设计与实现，第 7 章为空间坐标转换程序设计与实现。本书的任务在于教授学生编制程序来解决测绘领域经常碰到的各种计算问题，进而夯实测量数据处理的基本理论与方法。测量程序是程序设计者意图的反映，没有真正理解数据处理的原理是不可能编制出正确的程序的，所以利用程序来解决计算问题，可以帮助我们更好地理解和验证数据处理的成果。测绘类专业的本科生拥有一定的程序设计能力是非常必要的。

　　本书是在作者近年相关教学研究和实践成果的基础上编写而成的，由于水平有限，书中难免有不当之处，我们恳切地希望广大读者提出宝贵意见。

南京邮电大学
杨立君、苗立志、姜杰、杨静、康亚
2024 年 8 月

目 录

第1章 测量数据处理 C♯ 语言应用基础 1
  1.1 C♯ 语言概述 1
  1.2 编写 Windows 窗体应用程序 2
  1.3 类的基本概念 3
  1.4 C♯ 的数据类型 5
  1.5 运算符 13
  1.6 程序控制语句 14
  1.7 类的成员 15
  1.8 类的封装、继承与多态性 17
  1.9 C♯ 的类型扩展 19
  1.10 文件读写 21

第2章 测量数据处理常用类的定义与应用 23
  2.1 测量基础类定义与应用 23
  2.2 水准网测段类定义与应用 31
  2.3 导线网测站类定义与应用 33
  2.4 测量点读入类定义与应用 35
  2.5 静态工具类定义与应用 39
  2.6 矩阵类定义与应用 44

第3章 测量平差基础类的设计与实现 60
  3.1 误差的基本知识 60
  3.2 误差传播定律 61
  3.3 权与定权的常用方法 64
  3.4 条件平差类定义与应用 65
  3.5 间接平差类的设计与实现 78

第4章 水准网平差程序设计与实现 86
  4.1 水准测量概述 86
  4.2 水准网定权方法 86
  4.3 水准网条件方程建立原则与方法 87
  4.4 水准网条件平差程序设计与实现 88

4.5 水准网观测方程建立原则与方法 ··· 102
4.6 水准网间接平差程序设计与实现 ··· 103

第5章 导线网间接平差程序设计与实现 ··· 118
5.1 导线网概述 ·· 118
5.2 导线网定权方法 ·· 118
5.3 导线网观测方程建立方法 ·· 119
5.4 导线网间接平差程序功能设计 ·· 123
5.5 导线网间接平差程序类的设计与实现 ···································· 126
5.6 导线网程序算例验证 ·· 143

第6章 GNSS网间接平差程序设计与实现 ····································· 161
6.1 GNSS平差测量概述 ·· 161
6.2 GNSS网间接平差应用基础 ·· 161
6.3 GNSS网间接平差程序类的设计与实现 ································ 163
6.4 GNSS网程序算例验证 ·· 181

第7章 空间坐标转换程序设计与实现 ··· 191
7.1 坐标系统的基本理论与方法 ·· 191
7.2 我国常见的坐标系统 ·· 194
7.3 坐标转换方法 ·· 196
7.4 空间直角坐标转换程序设计与实现 ·· 200

参考文献 ··· 220

第 1 章　测量数据处理 C♯语言应用基础

本章介绍 C♯语言的基础知识，希望具有 C 语言基础的读者能够掌握 C♯语言，并运用 C♯语言编写 Windows 应用程序。当然，读者仅学习本章内容就完全掌握 C♯语言是不可能的，还需要阅读 C♯语言的其他相关书籍。

1.1　C♯语言概述

C♯是运行于 .NET 框架的程序设计语言，是一种现代的、面向对象的语言，它简化了 C++语言在类、命名空间、方法重载和异常处理等方面的操作，没有了 C++的复杂性，更易使用。

Microsoft. NET Frame Work（微软 .NET 框架，又称为 .NET Frame Work）是微软公司提出的新一代软件开发模型，C♯语言是 .NET Frame Work 中的开发工具，它用组件编程。C♯的语法和 C++、Java 的语法非常相似，如果使用过 C++和 Java，学习 C♯语言就会比较轻松。

使用 C♯语言编写程序后，必须用 C♯编译器将源程序编译为公共中间语言（common intermediate language，CIL）代码，形成扩展名为 .exe 或 .dll 的文件。公共中间语言代码不是 CPU 可执行的机器码，在程序运行时，必须由通用语言运行环境（common language runtime，CLR）中的即时编译器（just in time，JIT）将其翻译为 CPU 可执行的机器码。C♯语言的 CLR 和 Java 语言的虚拟机类似。这种执行方式虽然使运行速度变慢，却有如下一些好处。

（1）遵守通用语言规范（common language specification，CLS）。.NET 系统包括 C♯、C++、VB、J♯，它们都遵守通用语言规范。任何程序设计语言只要遵守通用语言规范，其源程序就可编译为相同的公共中间语言代码，由 CLR 负责执行。只要为其他操作系统编制相应的 CLR，公共中间语言代码就可在其他系统中运行。

（2）自动内存管理。CLR 内建垃圾收集器，当堆中实例的生命周期结束时，垃圾收集器负责收回不被使用的实例占用的内存空间。也就是说，CLR 具有自动内存管理功能。而在 C 和 C++语言中，对于用语句在堆中建立的实例，必须用语句才能释放实例占用的内存空间。

（3）交叉语言处理。任何遵守通用语言规范的程序设计语言，其源程序都可编译为相同的中间语言代码，使用不同语言设计的组件可以相互通用，可以从其他语言定义的类派生出本语言的新类。由于中间语言代码由 CLR 负责执行，因此，异常处理方法是一致的，这在一种语言调用另一种语言的子程序时，显得特别方便。

（4）更加安全。C♯语言不支持指针，一切对内存的访问都必须通过对象的引用变量来实现，只允许访问内存中允许访问的部分，这就防止了病毒程序使用非法指针访问私有成员，也避免了指针的误操作产生的错误。CLR 执行中间代码前，要对中间语言代码的安全性、完整性进行验证，防止病毒对中间语言代码进行修改。

（5）不需要在注册表中注册。以前系统中的组件或动态链接库如要升级，可能会带来一系列问题，因为这些组件或动态链接库都要在注册表中注册。例如，安装新程序时自动安装新组件替换旧组件，有可能使某些必须使用旧组件才可以运行的程序运行不了。在.NET 中这些组件或动态链接库不必在注册表中注册，每个程序都可以使用自带的组件或动态链接库。

（6）完全面向对象。C++语言既支持面向过程程序设计，又支持面向对象程序设计，而 C#语言则是完全面向对象的。在 C#中不存在全局函数、全局变量，所有的函数、变量和常量都必须定义在类中，避免了命名冲突。C#语言不支持多重继承。

1.2 编写 Windows 窗体应用程序

Windows 窗体应用程序（简称 WinForm）是在 Windows 操作系统上开发客户端窗体应用程序的主要开发模型，其主要特点是提供图形化的操作界面，而不是像控制台应用程序那样，只能进行简单字符串的输入和输出。

WinForm 已经有多年的历史，其技术高度成熟。如果开发不含动画、三维图形等对显示性能要求比较高的程序，使用 WinForm 编程模型可以获得比较高的开发效率和运行性能。在 Windows 8、Windows 10、Windows 11 等操作系统中，我们一般使用 WinForm 来开发程序。

下面通过例子讲解 WinForm 的具体用法。

【例 1-1】 演示 Windows 窗体应用程序的基本用法。

（1）运行 Visual Studio（简称 VS），单击"新建项目"按钮，在弹出的窗体中，选择"Windows 窗体应用程序"模板，将"名称"改为 WindowsExamples，将"位置"改为要存放的文件夹位置（本例为 E:\C#测量数据处理程序设计\CH01），将"解决方案名称"改为 CH01，最后，单击"确定"按钮完成新建项目。

（2）观察"解决方案资源管理器"中的项目，此时会发现在解决方案 CH01 下有一个 WindowsExamples 项目。打开 WindowsExamples 文件夹，可以看到有 3 个文件夹和 5 个文件。WinForm 应用程序的主程序 Main () 不在 Form1 类中，而在一个独立的类 Program 中，该类在 Program.cs 文件中。Form1 类分成两部分，每部分在不同的文件中，其中 Form1.Designer.cs 文件是由 VS 自动生成的代码，用户编写的代码应放到 Form1.cs 文件中。右击 Form1 窗体，在快捷菜单中选择菜单项"查看代码"可打开 Form1.cs 文件。

（3）单击资源管理器中的窗体标记"Form1.cs［设计］"，返回设计窗口。单击菜单"视图｜属性窗口"菜单项，打开属性窗口。选中 Form1 窗体，属性窗口显示 Form1 窗体属性，其中左侧为属性名，右侧为属性值。修改 Form1 的窗口标题属性 Text（不是 Title）为"创建 WinForm 程序"。

（4）在窗体中增加一个 Label 控件，返回标题为"Forms.cs［设计］"的窗口。向 Form1 窗体添加控件，需要使用工具箱。双击工具箱中"公共控件"标签下的 Label 控件，Label 控件将被添加到 Form1 窗体中，也可以拖动 Label 控件到窗体指定位置。选中 Label

控件，打开属性窗口，属性窗口显示 Label 的属性，修改 Label 的 Text（不是 Content）属性值为"我的第一个 C#程序"，该属性值是显示的内容。

（5）用同样的方法在窗体中放三个 Button 控件，修改它们的 Text（不是 Content）属性值分别为"红色""黑色""退出"。经过以上步骤，VS 在 Form1.Designer.cs 文件中添加了定义 1 个 Label 控件和 3 个 Button 控件的代码。

（6）现在为"红色"按钮添加单击事件函数。在标题为"Forms.cs［设计］"的窗口中，选中"红色"按钮，单击属性窗体上边左数第 4 个图标，打开事件窗口，将显示 Button 控件所能响应的所有事件。其中左侧为事件名称，右侧为事件处理函数名称，如果右侧为空白，则表示还没有指定事件处理函数。选中 Click 事件，双击右侧空白处，为"红色"按钮添加单击事件处理函数。用同样的方法为另外两个按钮添加事件处理函数。

（7）为按钮单击事件处理函数添加代码。这些代码在 Form1.cs 文件中，注意大括号中的语句为用户添加的代码，其余为系统自动添加的代码。事件处理函数如下：

```
private void button1_Click(object sender, EventArgs e)
{ label1.ForeColor = Color.Red; }
private void button2_Click(object sender, EventArgs e)
{ label1.ForeColor = Color.Black; }
private void button3_Click(object sender, EventArgs e)
{Application.Exit();}
```

（8）编译运行。单击"红色"按钮，窗体用户区中文字的颜色变为红色；单击"黑色"按钮，窗体用户区中文字的颜色变为黑色；单击"退出"按钮，结束程序。（见图 1-1）

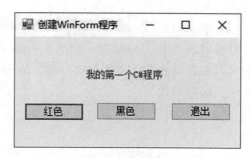

图 1-1　运行效果

1.3　类的基本概念

C#语言是面向对象的程序设计语言，具有类的概念，其主要思想是将数据及处理这些数据的相应方法封装到类中，类的实例则称为对象。因此，类具有封装性。

1.3.1　类的定义

类可以认为是 C 语言结构类型的扩充，它和 C 语言中结构类型的最大不同是：类不但可以包括数据，还可以包括处理这些数据的方法。类是对数据和处理数据的方法（函数）的封装，它是对一些具有相同特性和行为的事务的描述。自定义类的常用形式为：

［访问修饰符］［static］class 类名［:基类［,接口序列］］］
{
　［类成员］
}

其中，关键字 class、类名和类体是必需的，其他项是可选的。一个类可以继承基类，也可以继承接口。如果既有基类又有接口，则需要把基类放在冒号后的第一项，基类和接口之间用逗号分隔。类成员包括字段、属性、构造函数、方法、事件、运算符、索引器、析构函数等。

1.3.2 访问修饰符

一般希望类中的一些数据不被随意修改，只能按照指定的方法修改；一些函数也不被其他类的程序调用，只能在类内部使用。这时可使用访问修饰符来控制访问权限。

类和类的成员可以使用下面的访问修饰符。

①public：类的内部和外部都可以访问。

②private：类的内部可访问，类的外部无法访问。如果省略类成员修饰符，默认为 private。

③internal：同一个程序集中的代码可以访问，程序集外的其他代码无法访问。如果省略类的访问修饰符，默认为 internal。

④protected：类的内部或者从该类继承的子类可以访问。

⑤protected internal：从该类继承的子类或者从另一个程序集中继承的类都可以访问。

⑥partial：包含 partial 修饰符的类称为分部类，利用 partial 修饰符可以将类的定义分布在多个文件中，需要时编译器会自动将这些文件合在一起。partial 修饰符的另一个用途是隔离系统自动生成的代码和人工编写的代码。

1.3.3 类的对象

类是一个用户自定义的数据类型，用来描述抽象的某一事物，由类可以生成类的实例，C#语言里称为对象，用来代表某一个具体的事物。假如 Person 是事先定义好的类，那么可以用如下方法声明该类的对象：

Person OnePerson=new Person();

此语句的意义是建立 Person 类的对象，变量 OnePerson 是对 Person 类的引用。C#语言只能用此方法生成类的对象。外部程序用"OnePerson.方法名"和"OnePerson.数据成员名"访问对象的成员。

1.3.4 构造函数和析构函数

在建立类的对象时，需要做一些初始化工作，例如对数据成员初始化。这些工作可用构造函数来完成。构造函数名和类名相同，没有返回值。例如，可定义 Person 类的构造函数如下：

```
public Person(string Name,int Age)// 类的构造函数,函数名和类名相同,无返回值
{name=Name;
age=Age;
}
```

当用 Person OnePerson＝new Person（"张武"，20）语句生成 Person 类的对象时，将自动调用以上构造函数。

在 C#语言中，同一个类中的函数，如果函数名相同，而参数的类型或个数不同，则被认为是不同的函数。这样，可以在类的定义中定义多个构造函数。根据生成类的对象不同，可调用不同的构造函数。例如，可以定义 Person 类没有参数的构造函数：

```
public Person( )
{ name="张三";
age=12;}
```

用语句 Person OnePerson＝new Person（"张武"，20）生成对象时，调用有参数的构造函数；而用语句 Person OnePerson＝new Person（ ）生成对象时，调用无参数的构造函数。

类的对象有生命周期，生命周期结束，它就要被撤销。类的对象被撤销时，需要进行一些善后工作，这些工作是由析构函数来完成的。析构函数的名字为～类名，无返回值，也无参数。例如，Person 类的析构函数为～Person（ ）。C#中类的析构函数不能被自己编写的代码调用，垃圾收集器撤销不被使用的对象时，会自动调用不被使用对象的析构函数。

1.4 C#的数据类型

C#语言的数据类型可以分为值类型、引用类型和指针类型。指针类型仅用于非安全代码中。本节仅讨论值类型和引用类型。

1.4.1 值类型和引用类型的区别

一个程序运行后，操作系统会在内存中为这个运行程序建立一个栈，同时也为其分配一定的内存空间（堆）。栈和堆都可用来保存数据。

在 C#语言中，定义值类型变量时，系统会在栈中申请空间，变量的数据直接保存到申请的空间中。赋值语句的作用是把变量的值传递给另一个值类型的变量。定义引用类型的对象（实例）时，系统会向堆申请空间，并将对象的数据保存到堆中，同时保存对象地址。和指针所代表的地址不同，引用类型对象的地址不能运算，也不能转换为其他类型地址，它是引用类型变量，只能引用指定类的对象。引用类型变量赋值语句的作用是传递对象的地址。

1.4.2 值类型分类

C#语言的值类型可以分为简单类型、结构类型和枚举类型。简单类型包括数值类型和布尔类型，数值类型又细分为整数类型、字符类型、浮点数类型。C#语言的值类型变量无

论如何定义，总是值类型变量，不会变为引用类型变量。

1. 结构类型

结构和类一样，可以声明构造函数、数据成员、方法、事件、运算符等。结构和类的根本区别是，结构是值类型，类是引用类型。和类不同，结构不能从另外一个结构或者类派生，本身也不能被继承，因此，不能定义抽象结构，结构成员不能被访问修饰符 protected 修饰，也不能用 virtual 和 abstract 修饰。在结构中不能定义析构函数。虽然结构不能从类和结构中派生，可是结构能够继承接口。结构继承接口的方法和类继承接口的方法相同。自定义结构的常用形式为：

[访问修饰符][static] struct 结构名[：接口序列]
{
    [结构成员]
}

结构成员的访问修饰符只能是以下之一：public、private、internal。

2. 简单类型

整数类型、字符类型、布尔类型、浮点数类型等都属于简单类型，如表 1-1 所示。简单类型也有构造函数、数据成员、方法、属性等。即使一个常量，C# 也会为其生成结构类型的实例，也可以使用结构类型的方法。因此，下列语句是正确的。

int i=int.MaxValue; string s=i.Tostring();

表 1-1　C# 中的简单类型

关键字	.NET 框架中的结构类型	字节数	取值范围
sbyte	System.SByte	1	$-128 \sim 127$
byte	System.Byte	1	$0 \sim 255$
short	System.Int16	2	$-32768 \sim 32767$
ushort	System.UInt16	2	$0 \sim 65535$
int	System.Int32	4	$-2147483648 \sim 2147483647$
uint	System.UInt32	4	$0 \sim 4294967295$
long	System.Int64	8	$-9223372036854775808 \sim 9223372036854775807$
ulong	System.UInt64	8	$0 \sim 18446744073709551615$
char	System.Char	2	$0 \sim 65535$
float	System.Single	4	$-3.4 \times 10^{38} \sim 3.4 \times 10^{38}$
double	System.Double	8	$-1.7 \times 10^{308} \sim 1.7 \times 10^{308}$

续表

关键字	.NET 框架中的结构类型	字节数	取值范围
bool	System.Boolean	—	true，false
decimal	System.Decimal	16	$\pm 1.0 \times 10^{-28} \sim \pm 7.9 \times 10^{28}$

C#中简单类型的使用方法与 C、C++中相应的数据类型的使用方法基本一致，但需要注意以下几点：

①和 C 语言不同，无论在何种系统中，C#中每种数据类型所占字节数是一定的。

②字符数据类型采用 Unicode 字符集，一个 Unicode 标准字符的长度为 16 位。

③整数类型不能隐式被转换为字符型（char），例如 char c1=10；是错误的，必须写成：char c1=(char) 10；char c1='A'；char c='\x0032'；char c='\u0032'。

④布尔类型有 false 和 true 两个值，不能认为整数 0 是 false，其他值为 true，bool x=1 是错误的，不存在这种写法，只能写成 bool x=true 或 bool x=false。

⑤十进制类型（decimal）属于浮点数类型，只是精度比较高，一般用于财政金融的计算。

3. 枚举类型

在 C#语言中，常用枚举类型表示一组相关的整数常量。

C#中枚举类型的使用方法与 C、C++中枚举类型的使用方法基本一致。下面的代码定义了一个名为 Mycolor 的枚举类型：

```
public enum Mycolor {
Red,
Green,
Blue
};
```

上面代码的含义是：定义一个枚举类型名为 Mycolor、数据类型为 int 的枚举类型。它包含 3 个常量名：Red、Green、Blue。3 个常量都是 int 类型，常量值分别为 0、1、2。

使用枚举类型的好处是可以利用.NET 框架提供的 ENum 类的静态方法对枚举类型进行各种操作。

4. 可空类型

可空类型表示可以包含 null 的值类型。例如 int? 表示"可以为 null 的 Int32 类型"，就是说，可以为其赋任意一个 32 位的整数值，也可以为其赋值 null。例如，定义一个可空的 int 类型变量：

```
int? num=null
```

其取值范围包括全体 int 类型的值，再加上 null。

在处理数据库中元素的数据类型时，可以为 null 的值类型特别有用。例如，数据库中的布尔型字段可以存储 true 或者 false，但是如果该字段未定义，则用 null 表示。

1.4.3 值类型初值

C#语言要求所有的变量都必须有初始值（又称初值），如果没有赋初值，则采用默认值。对于简单类型，sbyte、byte、short、ushort、int、uint、long 和 ulong 的默认值为 0，char 类型的默认值是（char）0，float 类型的默认值为 0.0f，double 类型的默认值为 0.0d，decimal 类型的默认值为 0.0m，bool 类型的默认值为 false。枚举类型的默认值为 0。在结构类型和类中，数据成员的数值类型变量设置为默认值，引用类型变量设置为 null。

由于数值类型都是结构类型，因此可以用 new 语句调用其构造函数初始化数值类型变量，例如，int in＝new int（）。值得注意的是，用 new 语句并不是把 int 变量变为引用变量，in 仍然是值类型变量，这里的 new 仅仅是调用其构造函数。所有的数值类型都有默认的无参数的构造函数，其功能就是为该函数值类型赋初值为默认值。

1.4.4 引用类型分类

C#语言中的引用类型包括类、接口和委托。C#语言中预定义了一些类，如 object 类、数组类、字符串类，程序员也可以自定义类。C#语言中引用类型变量无论如何定义，总是引用类型变量，不会变为值类型变量。C#语言中引用类型对象一般用运算符 new 建立，用引用类型变量引用该对象。下面仅介绍 object 类、字符串类和数组类。

1. object 类

C#中的所有类型（包括数值类型）都直接或间接地以 object 类为基类。object 类是所有其他类的基类。任何一个类的定义，如果不指定基类，默认 object 为基类。

2. 字符串类

在 C#语言中，字符串是由一个或多个 Unicode 字符构成的一组字符序列。C#语言定义了两个引用类型的 string 和 stringBuilder 类，可以方便地实现字符串的定义、复制、连接等各种操作。下面是 string 类的一些典型用法。

1) 字符串的定义

字符串的定义有两种方法，用 string 类和用 stringBuilder 类，第一种方法较常用。使用 string 类定义字符串的方法适合于字符串连接操作不多的情况，使用 "＋" 直接连接；使用 stringBuilder 类定义字符串的方法适用于有大量字符串连接操作的情况。使用类的 Apped 方法实现字符串的连接。

```
string str1;
str1＝"Ming";
string str2＝"string2";
string str3＝str1＋str2;
stringBuilder sb＝new StringBuilder();
sb.Apped("string1");
sb.AppedLine("string2");
```

2) 字符串比较

要精确比较两个字符串的大小，可以用 string.Compare（string s1，string s2）方法，它返回 3 种可能的结果：

如果 s1 大于 s2，结果为 1；

如果 s1 等于 s2，结果为 0；

如果 s1 小于 s2，结果为 －1。

另外，还可以用 string.Compare（string s1，string s2，ignoreCase）方法比较两个字符串大小。如果仅仅比较两个字符串是否相等，最好直接使用两个等号或者用 Equals 方法来比较。例如：

```
Console.WriteLine(s1==s2);
Console.WriteLine(s1.Equals(s2));
```

3) 字符串搜索

除了直接用 string［index］得到字符串中第 index 位置的单个字符（index 从 0 开始编号），还可以使用下面的方法在字符串中查找指定的字符串。

（1）Contains 方法。

Contains 方法用于查找一个字符串中是否包含指定的字符串，语法为：

```
public bool Contains(string value)
```

（2）StartWith 方法和 EndsWith 方法。

StartWith 方法/EndsWith 方法用于从字符串的首/尾开始查找指定的字符串，并返回布尔值（true 或 false）。例如：

```
string s1="this is a string";
s1.StartWith("abc");//结果为 false
s1.EndsWith("abc");//结果为 false
s1.StartWith("this");//结果为 true
```

（3）IndexOf 方法。

IndexOf 方法用于求某个字符或者子串在字符串中出现的位置。该方法有多种重载形式，常用的有如下两种形式：

①public int IndexOf（string s）；

②public int IndexOf（string s1，int startIndex）；

第一种形式返回 s 在字符串中首次出现的从零开始索引的位置。如果字符串不存在 s，则返回－1。第二种形式从 startIndex 处开始查找 s 在字符串中首次出现的从零开始索引的位置，如果找不到 s，则返回－1。

（4）IndexOfAny 方法。

如果要查找某个字符串中是否包含某些字符（多个不同的字符），虽然用 IndexOf 方法也可以得到希望的结果，但比较麻烦。在这种情况下，应该用 IndexOfAny 方法进行查找。IndexOfAny 方法的常用语法为：

```
public int IndexOfAny(char[] anyOf)
```

4）获取子字符串或字符

如果要获取字符串中的某个字符，直接用中括号指明字符在字符串中的索引序号即可。如果希望得到一个字符串中从某个位置开始的字符串，可以用 Substring 方法。例如：

```
string myString="some text";//定义一个字符串
char c=myString[2];//获取一个字符
string s1="abc123";
string s2=s1.Substring(2);//从第 2 个字符 c 开始获取所有的字符
string s3=s1.Substring(2,3);//从第 2 个字符 c 开始获取 3 个字符
```

5）字符串插入

字符串插入函数的语法为：

```
public string Insert(int startIndex,string value);
```

该语句表示从 startIndex 开始插入子字符串 value。

例如：

```
string s1="abcd";
string s2=s1.Insert(2,"12");
```

6）字符串删除

字符串删除函数的语法为：

```
public string Remove(int startIndex);
```

该语句表示从 startIndex 开始删除所有的字符。

```
public string Remove(int startIndex,int Count);
```

该语句表示从 startIndex 开始删除 Count 个字符。

例如：

```
string s1="abcd";
string s2=s1.Remove(2);
string s2=s1.Remove(2,2);
```

7）字符串替换

字符串替换函数的语法为：

```
public string Replace(string oldValue,string newValue);
```

该语句表示字符串 oldValue 的所有匹配项均替换为 newValue。

8）移除首尾字符

利用 TrimStart 方法可以移除字符串首部的一个或多个字符，从而得到一个新字符串；利用 TrimEnd 方法可以移除字符串尾部的一个或多个字符；利用 Trim 方法可以同时移除

字符串首部和尾部的一个或多个字符。在这三种方法中，如果不指定要移除的字符，则默认移除空格。例如：

```
string s1="   this is a book   ";
string s2="that is a pen";
string s3="   is a pen   ";
s1.TrimStart();//移除首部空格
s2.TrimEnd();//移除尾部空格
s3.Trim();//移除首尾部空格
string s4="hello world";
char[] c={'r','o','w'};
string news4=s4.TrimEnd(c);//移除s4尾部在字符数组c中包含的所有字符
```

9) 字符串中字母的大小写转换

将字符串中的所有英文字母转换为大写字母可以用 ToUpper 方法，将字符串的所有英文字母转换为小写字母可以用 ToLower 方法。

3. 数组类

数组一般存储同一种类型的数据，或者说，数组表示相同类型的对象集合。数组按照数组名、数组元素类型和维数来进行定义。

1) 数组的定义

在 C# 语言中数组是引用类型。数组类型的声明通过在某个类型名后加一对方括号来构造。表 1-2 为常用数组的语法声明格式。

表 1-2 常用数组的语法声明格式

数组类型	语法	示例
一维数组	数据类型[]数组名	int [] MyArray
二维数组	数据类型[,]数组名	int [,] MyArray
三维数组	数据类型[,,]数组名	int [,,] MyArray
交错数组	数据类型[][]数组名	int [][] MyArray

数组的秩是指数组的维数，如一维数组的秩为1，二维数组的秩为2；数组的长度是指数组元素的个数。在 C# 中，数组的最大容量默认为20GB，从 .NET4.5 框架开始，在64位平台上可以一次性加载大于20GB的数组。也就是说，只要内存足够大，绝大部分情况下可以在内存中利用数组对数据直接进行处理。

2) 建立数组对象及数组初始化

定义一个数组类变量后，必须建立数组对象，例如，声明一个整型数组 int [] a=new int [5]，实际上生成了一个 System.Array 类对象，其元素是 a[0]，a[1]，a[2]，a[3]， a[4]。在C#语言中，数组元素的索引是不允许越界的，否则将产生异常，本例的数组索引范围是0~4。建立数组类对象后，其元素被初始化为默认值，必须重新初始化数组，为每个元素赋值才能使用。可以用循环语句为每个元素赋值，也可以在定义的时候直接给出初始值。

3）数组的常用操作

对数组的常用操作除求值和统计运算外，还有排序、查找以及将一个数组复制到另一个数组中。

（1）数组的统计运算及数组和字符串之间的转换。

在实际应用中，我们可能需要对数组中所有元素进行求平均值、求和以及查找最大值或最小值等操作，这些功能可以利用数组的Average()、Sum()、Max()、Min()等方法实现。

对于字符串数组，可以利用string的静态Join()和Split()方法实现字符串和字符数组之间的转换。Join()方法用于在数组的每个元素之间串联指定的分隔符，从而产生单个串联的字符串。它相当于将多个字符串插入分隔符后合并在一起。Split()方法能基于指定的一个或多个分隔符将字符串拆分成一个字符串数组。

（2）数组元素的复制、排序与查找。

Array是所有数组类型的抽象基类。对数组进行处理时，可以使用Array类提供的静态方法，例如Copy()、Sort()、Reverse()、Contains()和IndexOf()等方法。

Copy()方法是将数组中的全部或部分元素复制到另一个数组中。

Sort()方法是使用快速排序算法，将一维数组中的元素按照升序排列。

Reverse()方法是反转一维数组中的元素。

Contains()方法和IndexOf()方法是查找指定的元素。

1.4.5 类型转换

在C#语言中，经常会碰到类型的转换问题，例如，整型数和浮点型数相加，C#会进行隐式转换。记住某种类型数据可以转换为其他的哪种类型数据是不必要的。类型转换的基本原则是类型转换不能导致信息丢失。C#语言中数据类型转换的常见方法为隐式转换和显式转换两种。

1. 隐式转换

隐式转换是系统默认的，不需要加以声明就可以进行转换，如从int类型转换到long类型：

```
int k=1;long i=2;i=k;//隐式转换
```

对于不同值类型之间的转换，如果是从低精度、小范围的数据类型转换为高精度、大范围的数据类型，可以使用隐式转换。这种转换一般没有问题，原因是大范围类型的变量具有足够的空间存放小范围类型的数据。

2. 显式转换

显式转换又称为强制类型转换。与隐式转换正好相反，显式转换需要明确地指定转换类型，显式转换可能导致信息丢失。下面语句把长整型变量显式转换为整型：

long l=10;int i=(int)l;//如果超过 int 取值范围,将产生异常

1.5 运算符

C♯语言的运算符用法和 C 语言的基本相同。按照操作数的个数来分，C♯语言提供了三大类运算符。

一元运算符：只带一个操作数的运算符，如 i++，——i。
二元运算符：带有两个操作数的运算符，如 x+y。
三元运算符：带有三个操作数的运算符，如 x？y：z。
表 1-3 所示为 C♯提供的常用运算符及其说明。

表 1-3 常用运算符及其说明

运算符	说 明
点运算符	指定类型或者命名空间成员，如 System.Console.Write（"hello"）;
圆括号运算符（）	（1）指定表达式运算顺序； （2）显式转换； （3）用于方法或委托，参数放括号内
方括号运算符［］	（1）用于数组和索引。如 int［］a；a=new int［10］;a［0］=a［1］=1;int *p=a;p［0］=2;p［1］=3; （2）用于特性。例如［Condition（"DEBUG"）］void TraceMethod（）{};
new 运算符	创建值类型变量、引用类型对象及自动调用构造函数
++、——运算符	自增、自减运算符，例如++i, i++, ——i, i——
赋值运算符	=，+=，—=、*=、/=、%=、<<=、>>=、&=、^=、|=等复合赋值运算符
关系运算符	大于（>）、小于（<）、等于（==）、不等于（!=）、小于等于（<=）、大于等于（>=）
?? 运算符	如果类不为空，返回自身；若为空，返回之后的操作。例如：int j=i?? 0；i 不为 null，则 j 为 i，否则 j 为 0
?：运算符	三元运算条件，例如 a=x？y：z；含义是如果 x 表达式为真，则 a 值为 y，否则 a 值为 z

续表

运算符	说明
逻辑运算符	逻辑与（&）、逻辑或（|）、逻辑非（!）、逻辑异或（^）、按位取反（~）、逻辑左移（<<）、逻辑右移（>>）
typeof 运算符	获取类型的 System.Type 对象，如 System.Type type=typeof（int）；
is 运算符	检查对象是否与给定类型兼容。x is t 的含义为：如果 x 为 t 类型，返回 true；否则返回 false
as 运算符	用于执行引用类型的显式类型转换
检查操作符	检查溢出（checked）、不检查溢出（unchecked）

1.6 程序控制语句

C#语言的程序控制语句和 C 语言的基本相同，其使用方法也基本一致。C#语言的程序控制语句包括 if 语句、switch 语句、while 语句、do…while 语句、for 语句、foreach 语句、break 语句、continue 语句、goto 语句、return 语句、异常处理语句等，其中 foreach 语句和异常处理语句是 C#语言新增加的控制语句。

1.6.1 C#程序控制语句的特点

（1）与 C 语言不同，C#语言中的 if 语句、while 语句、do…while 语句、for 语句中的判断语句一定要用布尔表达式，不能认为 0 为 false，其他数为 true。

（2）C#语言中的 switch 语句不支持遍历，C 语言允许 case 标签后不出现 break 语句，但 C#语言要求每个 case 标签项后都要使用 break 语句或者 goto 跳转语句，否则编译时将报错。执行 switch 语句，首先计算 switch 表达式，然后与 case 后的常量表达式的值比较，执行与之匹配的 case 分支下的语句。如果没有匹配值，则执行 default 分支下的语句。如果没有 default 语句，则退出 switch 语句。

1.6.2 foreach 语句

foreach 语句是 C#语言新引入的语句，特别适用于对集合对象的存取，可以使用该语句逐个提取集合中的元素，并对集合中的每个元素执行语句序列的操作。foreach 语句的一般形式为：

foreach(类型 标识符 **in** 表达式)
{
　语句序列
}

"类型"和"标识符"用于声明循环变量，"表达式"为操作对象的集合，必须是数组或其他集合类型。注意，在循环体内不能改变循环变量的值，循环变量的类型可以用 var 来表示，此时其实际类型由编译器推断。

1.6.3 异常处理语句

在编写程序时，不仅要关心程序的正常操作，还应考虑到程序运行时可能发生的各类不可预期的情况，例如，用户输入错误、内存不够、磁盘错误、网络资源不可用、数据库无法使用等。所有这些情况被称为异常。各种程序设计语言经常采用异常处理语句来解决这类异常问题。

C#语言提供了一种处理系统级错误和应用程序级错误的结构化的、统一的、类型安全的方法。C#语言的异常处理语句包括 try 子句、catch 子句和 finally 子句。try 子句包含可能产生异常的语句，该子句自动捕捉执行这些语句过程中发生的异常。catch 子句包含了处理不同异常的代码，可以包含多个 catch 子句，每个子句的参数是一个异常类型 System.Exception 类或它的派生类引用变量，代表该 catch 子句要处理的异常类型。可以有一个通用异常类型 catch 子句，用来捕捉任意类型的异常，在事先不能确定会发生何种异常情况下使用。一个异常语句中只能有一个通用异常类型 catch 子句，而且如果有的话，该 catch 子句必须在其他 catch 子句的后面。无论是否产生异常，子句 finally 中语句都一定被执行，在 finally 子句中可以增加一些必须执行的语句。

异常语句捕捉和处理异常的机理是：当 try 子句中的代码产生异常时，按照 catch 子句的顺序查找异常类型。如果能找到匹配的异常，执行该 catch 子句中的异常处理语句；如果没有找到匹配的异常，执行通用异常类型的 catch 子句的异常处理语句。由于异常的处理是按照 catch 子句出现的顺序逐一检查 catch 子句的，因此，catch 子句出现的顺序很重要。无论是否产生异常，都一定执行 finally 子句中的语句。异常语句不必同时包含所有 3 种子句，因此异常语句可以有以下 3 种可能的形式。

（1）try…catch 语句，可以有多个 catch 语句。

（2）try…finally 语句。

（3）try…catch…finally 语句，可以有多个 catch 语句。

1.7 类的成员

在面向对象的技术中，用类描述某种事物的共同特征，用类的实例（称为对象）来创建具体实体。类具有表示其数据和行为的成员，具体包括字段、常量、属性、方法、事件等。

1.7.1 字段

在 C#中，字段是类或结构体中用于存储信息的成员。字段可以是任何数据类型，包括值类型（如 int、double、bool 等）、引用类型（如类、接口、委托）或者更复杂的数据结构（如数组、集合）。

字段是类或结构体中声明的变量，用于存储数据。字段可以是公共的（public）、受保护的（protected）、私有的（private）或内部的（internal），以控制对字段的访问权限。

下面代码定义了字段 age：

```
public class A
{
    private int age=15;
}
```

1.7.2 属性

在类和结构中，除了字段，常用的成员还有属性和方法。

属性（property）是字段的扩展，是一种使字段的访问更加灵活和受控的机制。C#中的属性体现了对象的封装性，它不直接操作类的数据内容，而是通过访问器进行访问，借助get、set方法对属性值进行读写操作。

属性声明的常用方法如下：

```
class Student
{
    private int age;//声明一个字段
    public int Age   //声明一个属性
    {
        get{return age;}
        set{if(value>=0) age=value;}
    }
}
```

get 访问器相当于一个具有属性类型返回值的无形参的方法。当在表达式中引用属性时，系统会自动调用该属性的 get 访问器计算该属性的值。

set 访问器相当于一个具有 value 参数而没有返回类型的方法。当某个属性作为赋值的目标被引用时，系统会自动调用 set 访问器，并传入提供新值的实参。

除上述声明的方法外，还可以使用自动实现的属性方法。自动实现的属性是属性语法的一个简化，即开发人员只需要声明属性，而与该属性对应的字段则由系统自动提供。自动实现的属性必须同时声明 get 和 set 访问器。例如：

```
class Student
{
    public string Name{get;set;}
}
```

1.7.3 方法

方法也是类或结构的一种成员，是一组程序代码的集合，用于完成指定的功能。每个方法有一个方法名，便于识别和让其他方法调用。方法就是函数，在非面向对象的程序设计语言中称为函数，在面向对象的程序设计语言中称为方法。

1. 声明方法

在 C#程序中声明的方法都必须放在某个类中。

声明方法的一般形式为：

```
[访问修饰符]返回值类型 方法名([参数列表])
{
    [语句序列]
}
```

如果方法没有返回值，可将返回值类型声明为 void。

声明方法时，需要注意以下几点：

（1）方法名后面的圆括号必须存在，括号内的参数可有可无，当有多个参数时，参数间用逗号分隔。

（2）return 语句有两个作用。第一个作用是结束执行程序，返回调用此方法的程序代码段；第二个作用是为方法提供返回值。

（3）当方法没有返回值时，方法的类型可以定义为 void 类型。

方法声明中的参数用于向方法传递值或变量引用。方法的参数从调用该方法时指定的实际参数获取数值。有四类参数：值参数、引用参数、输出参数和参数数组。

2. 静态方法和实例方法

用修饰符 static 声明的方法为静态方法，不用修饰符 static 声明的方法为实例方法。不管类生成或未生成对象，类的静态方法都可以被使用，使用的格式为：类名．静态方法名。静态方法只能使用该方法所在类的静态数据成员和静态方法。在类对象创建后，实例方法才能被使用，使用格式为：对象名．实例方法名。实例方法可以使用该方法所在类的所有静态成员和实例成员。

1.8 类的封装、继承与多态性

封装、继承与多态性是面向对象编程的三大原则。只有深刻理解这些概念，才能在实际的项目开发中更好地利用面向对象技术编写出高质量的代码。

1.8.1 封装

封装一个类时，既可以像定义一个普通类一样，也可以将类声明为抽象类或者密封类。

1. 抽象类

抽象类使用 abstract 修饰符来描述，其主要作用是为其派生类提供一个通用的抽象基类，可以只有声明部分而没有实现部分。

抽象类只能用作其他类的基类，而且无法被直接实例化。抽象类中带有 abstract 修饰符的成员即为抽象成员。当从抽象类派生非抽象类时，非抽象类必须实现抽象类的所有抽象成员,否则会引起编译错误。

2. 密封类

可以将类声明为密封类,以禁止其他类从该类继承。在C♯语言中,用sealed修饰符声明密封类。由于密封类不能被其他类继承,因此系统可以在运行时对密封类中的内容进行优化,从而提高系统的性能。

1.8.2 继承

继承不仅能简化类的设计工作,还能避免设计的不一致性。一般将公共的、相同的部分放在被继承的类中,非公共的、不同的部分放在继承类中。

1. 类继承的一般形式

在C♯中,用冒号(":")表示继承。被继承的类叫作基类或者父类,从基类继承的类叫作派生类或者子类。继承意味着派生类隐式地将它的基类的所有成员当作自己的成员,而且派生类还能够在继承基类的基础上继续添加新成员。派生类不能继承基类中的private成员和构造函数,只能继承基类的public成员或protected成员。

2. 继承过程中构造函数的处理

构造函数的用途主要是对类的成员进行初始化,包括对私有成员的初始化。由于派生类不能访问基类的私有成员,因此派生类不能继承基类的构造函数。在C♯内部按照下列顺序处理构造函数:从派生类开始依次向上寻找基类,直到找到最初的基类,然后开始执行最初的基类的构造函数,再依次向下执行派生类的构造函数,直至执行完最终的扩充类的构造函数为止。

1.8.3 多态性

在C♯语言中,多态性的定义是:同一操作可分别作用于不同的类的实例,此时不同的类将进行不同的解释,最后产生不同的执行结果。

有以下几种实现多态性的方式:

第一种方式:通过继承实现多态性。多个类可以继承自同一个基类,每个派生类又可根据需要重写基类成员以提供不同的功能。

第二种方式:通过抽象类实现多态性。抽象类本身不能被实例化,只能在派生类中通过继承使用。抽象类的部分或全部成员不一定都要实现,但是要在继承中全部实现。抽象类中已实现的成员仍可以被重写,并且继承类仍可以实现其他功能。

第三种方式:通过接口实现多态性。多个类可以实现相同的接口,而单个类可以实现一个或多个接口。接口本质上是类需要如何响应的定义。接口仅声明类需要实现的方法、属性和事件,以及每个成员需要接收和返回的参数类型,而这些成员的实现留给类去完成。

1.9 C#的类型扩展

C#提供了一些非常实用的类型扩展功能。利用好这些扩展功能,既可以简化代码的编写量,还能让代码的含义看起来简单、直观、一目了然。

1.9.1 匿名类型

匿名类型提供了一组方便的方法,利用这些方法可将一组只读属性封装到单个对象中,而无须首先定义一个类型。例如:

var v=new {ID="0001",Age=18};
Console. WriteLine(ID:{0},年龄:{1},v. ID,v. Age);

匿名类型中每个属性的类型是由编译器自动推断的。在语句块内 var 声明的变量称为隐式类型的局部变量。

1.9.2 泛型集合

集合是指一组组合在一起的、性质类似的类型化对象。将紧密相关的数据组合到一个集合中,可以更有效地对其进行管理,如用 foreach 来处理一个集合的所有元素。在实际项目中,一般用泛型集合类来实现,使用泛型集合类能够使开发的项目性能好,出错少。泛型集合是一种强类型的集合,它能提供比非泛型集合好得多的类型安全性和性能。常见的泛型集合类如表 1-4 所示。

表 1-4 常见的泛型集合类及对应的非泛型集合类

泛型集合类	非泛型集合类	泛型集合类用法举例
List<T>	ArrayList	List<string> Names=new List<string> ();
Dictionary<TKey, TValue>	Hashtable	Dictionary<string, string> d = new Dictionary<string, string> (); d. Add ("txt", "notepad. exe");
Queue<T>	Queue	Queue<string> q=new Queue<string> (); q. Enqueue ("one");
SortedList<TKey, TValue>	SortedList	SortedList<string, string> list = new SortedList<string, string> (); list. Add ("txt", "notepad. exe"); list. TryGetValue ("tif", out value);

所谓泛型,是指在类名后添加用尖括号括起来的类型参数列表以定义一组"通用化"的类型。定义泛型时,在类名后添加的尖括号内的类型参数可以有一个,也可以有多个。如果有多个类型参数,各类型参数之间用逗号分隔。例如:

```
public class Pair<T1,T2>
{
    public T1 First;
    public T2 Second;
}
```

在这段代码中,Pair 类的类型参数为 T1、T2。定义泛型类以后,就可以通过传递类型实参来创建该类的实例。例如:

```
Pair<int,string>  pair=new Pair<int,string>{First=1,Second="two"};
int i=pair.First;string s=pair.Second;
```

由于泛型类的定义中 T1、T2 可以代表任何类型,因此只需要定义一次泛型就能实现所有实际类型的调用。如果不使用泛型,就只能针对不同的类型分别编写对应的方法,而这使得代码既臃肿,又不易阅读,同时也增加了编译工作量。因此,泛型的优点是显而易见的。

下面介绍.NET 框架提供的一些常见泛型集合类及其基本用法,这些泛型集合类都在"System.Collections.Generic"命名空间中。

1. 列表

List<T>泛型类表示可通过索引访问的强类型对象列表,列表中可以有重复的元素。该泛型类提供了对列表进行搜索、排序和操作的方法。例如:

```
List<string>  list1=new List<string>();
List<int>  list2=new List<string>(10,20,30);
```

List<T>泛型类提供了很多方法,常用的方法如下:
Add 方法:将元素添加到列表尾部。
Insert 方法:将元素插入列表任意位置。
Contains 方法:测试该列表中是否存在某个元素。
Clear 方法:移除列表中的所有元素。
如果是数字列表,还可以对其进行求和、求平均值,以及求最大值、最小值等操作。

2. 字典

Dictionary<TKey,TValue>泛型类提供了一组"键/值"对,字典中的每项都由一个值及其相关联的键组成,通过键可检索值。当向字典中添加元素时,系统会根据需要自动增大容量。一个字典中不能有重复的键。

Dictionary<TKey,TValue>泛型类提供以下常用方法:
Add 方法:将带有指定键和值的元素添加到字典中。
TryGetValue 方法:获取与指定的键相关联的值。
ContainsKey 方法:确定字典中是否包含指定的键。
Remove 方法:从字典中移除带有指定键的元素。

1.10 文件读写

对于开发人员来说，除对文件进行管理外，还可以利用 File 类对文件进行各种操作，如创建文件、打开文件、保存文件、修改文件以及追加文件内容等。

1.10.1 文件编码

由于文件是以某种形式保存在磁盘、光盘或磁带上的一系列数据，因此，每个文件都有其逻辑上的保存格式，将文件的内容按照某种格式保存称为对文件进行编码。常见的文件编码方式有 ASCII 编码、Unicode 编码、UTF-8 编码和 ANSI 编码。

在 C# 中，保存在文件中的字符默认编码都属于 Unicode 编码，即一个英文字符占两个字节，一个汉字也是两个字节。在 System.Text 命名空间中，有一个 Encoding 类，在对文件进行操作时，用其指定的字符编码方式。常用的编码方式有如下几种：

Encoding.Default：表示操作系统的当前 ANSI 编码。

Encoding.Unicode：Unicode 编码。

Encoding.UTF8：UTF-8 编码。

在文件处理中，打开文件时指定的编码格式一定要和保存文件时所用的编码格式一致，否则看到的可能就是一堆乱码。

1.10.2 文本操作

File 类提供了许多非常方便的读写方法，很多情况下只需要一条语句即可完成文件的读写操作。

1. ReadAllText 方法和 AppendAllText 方法

使用 ReadAllText 方法可打开一个文件，读取文件的每一行，并将每一行添加为字符串的一个元素，然后关闭文件。对于 Windows 系列操作系统来说，一行就是后面跟有下列符号的字符序列：回车符（"\r"）、换行符（"\n"）或者回车符后跟一个换行符。ReadAllText 方法所产生的字符串不包含文件终止符。即使引发异常，该方法也能保证关闭文件句柄。常用原型为：

public static string ReadAllText(string path, Encoding encoding)

读取文件时，ReadAllText 方法能够根据现存的字节顺序标记来自动检测文件的编码。可检测到的编码格式有 UTF-8 和 UTF-32。但对于汉字编码（GB 2312 和 GB 18030）文件来说，如果第二个参数不是 Encoding.Default，该方法可能无法自动检测出来是哪种编码。因此，对文本文件进行处理时，一般要在代码中指定所用的编码。

AppendAllText 方法用于将指定的字符串追加到文件中，如果文件不存在则自动创建该文件。常用原型为：

public static void AppendAllText(string path, string contents, Encoding encoding)

此方法可打开指定的文件，使用指定的编码将字符串追加到文件末尾，然后关闭文件。同样即使引发异常，该方法也能保证关闭文件句柄。

2. ReadAllLines 方法和 WriteAllLines 方法

ReadAllLines 方法：打开一个文本文件，将文件的所有行都读入一个字符串数组。与 ReadAllText 方法相似，该方法可自动检测 UTF-8 和 UTF-32 编码的文件，如果是这两种格式的文件，就不需要指定编码。

WriteAllLines 方法：创建一个新文件，在其中写入指定的字符串数组，然后关闭文件。

◎习题

1. 编程题：定义一个 Person 类，并由 Person 类派生出 Student 类。

Person 类的具体要求如下：

（1）包括私有数据成员：姓名 name，string 类型。

（2）定义私有数据成员的公有访问属性。

（3）定义 Person 的构造，用于对数据成员赋值。

Student 类的具体要求：

（1）增加私有数据成员：成绩 score，int 类型。

（2）定义私有数据成员 score 的公有访问属性。

（3）定义输出函数，可以输出学生的详细信息。

2. 编程题：文件读写应用。

（1）编写一个 Point 类，包含 Name，X，Y，Z 属性。

（2）编写一个 CompueDistance 类，定义 Point 类两个实例化对象 P1 和 P2。

（3）在 CompueDistance 类编写一个 Read 函数，读"D：\坐标.txt"文件（文件内容见以下方框内容），将读取结果存储到 P1 和 P2 中。

```
测站，X，Y，Z
P1，-18877.69，17778.61，-5561.69
P2，-18802.87，17539.56，-6474.91
P3，-18325.39，17526.93，-6356.93
P4，-18672.91，17985.23，-58231.38
```

（4）在 CompueDistance 类中编写一个 Distance 函数，计算 P1 和 P2 之间的距离。

（5）在 CompueDistance 类中编写一个 Write 函数，将距离计算结果保存到"D：\距离.txt"。

第 2 章　测量数据处理常用类的定义与应用

2.1　测量基础类定义与应用

2.1.1　点类定义与应用

1. 点类定义

在测量数据应用中，点是最基本的对象，测量点一般包括点名、点的三维坐标以及点的其他性质。测量点的性质主要指点类型、等级以及功能等。例如，在水准测量中需要说明是否是控制点，在平面或者三维坐标旋转中需要说明有哪些点是用于旋转的公共点。因此，在点类型设计中我们给出了 PID（点名）、X、Y、Z（坐标），IsCommonP（是不是公共点）、IsControlP（是不是控制点）等公有属性字段。点类型的定义如代码片段 2-1 所示。

代码片段 2-1：

```
public class Point
{
    public string ID { get; set; }      //点名
    public double X { get; set; }       //X 坐标
    public double Y { get; set; }       //Y 坐标
    public double Z { get; set; }       //Z 坐标
    public bool IsCommon{ get; set; }   //是不是公共点
    public bool IsControl { get; set; } //是不是控制点
}
```

2. 点类应用

按照以下步骤完成点类的定义与功能测试。

（1）单击菜单栏中的"文件"→"新建"→"项目"，如图 2-1 所示。

（2）在弹出的页面中选择 Windows 窗体应用程序，配置项目名称（CH02）和项目文件存储路径（D：\），从而创建一个具有 Form1 主窗体的项目。选择 Form1 窗体，使用右键菜单修改名称为 Main。选择项目 CH02，然后使用右键菜单添加文件夹 2_1。

（3）选择文件夹 2_1，使用右键菜单添加类文件 DefClass.cs，在该文件内添加代码片段 2-1 的内容。

图 2-1　新建项目

（4）选择文件夹 2_1，使用右键菜单添加 Windows 窗体。选择添加的窗体，重命名为 Frm_Point。

（5）在 Main 窗体上添加 groupBox1 控件，在里面添加一个 radioButton 控件，并将该控件的 Text 属性修改为"Point 类应用（2-1）"，Name 属性修改为 rb_PointApp。此外，再添加一个 Button 按钮，Name 属性设置为 bt_OK，Text 属性设置为"确定"。设计的 Main 窗体如图 2-2 所示。

图 2-2　Main 窗体

（6）在 Main 类内的 Main 函数内注册一个双击事件，并添加事件代码。注册事件及事件代码如代码片段 2-2 所示。这里的 bt_OK_Click 事件的主要功能是根据选择的案例弹出对应程序窗口，弹出的程序窗口是本章的示例程序。

代码片段 2-2：

```
public Main()
{
    InitializeComponent();
    bt_OK.Click += bt_OK_Click;//注册事件
}
private void bt_OK_Click(object sender, EventArgs e)
```

```
        {
            foreach (var v in groupBox1.Controls)
            {
                RadioButton r = v as RadioButton;
                if (r.Checked == true) ShowExperimentForm(r.Name);
            }
        }
        private void ShowExperimentForm(string name)
        {
            Form fm = null;
            switch (name)
            {
                case "rb_PointApp":
                    fm = new Frm_Point(); break;
                default: break;
            }
            if (fm != null)
            {
                fm.StartPosition = FormStartPosition.CenterScreen;
                fm.ShowDialog();
            }
            else
            {
                MessageBox.Show("未找到对应示例", "警告", MessageBoxButtons.OK, MessageBoxIcon.Error);
            }
        }
```

（7）在 Frm_Point 窗体上分别添加 15 个 Label 控件、11 个 TextBox 控件、1 个 RichTextBox 控件及 1 个 Button 控件。界面设计结果详见图 2-3，控件属性设置如表 2-1 所示。

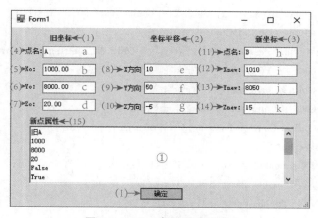

图 2-3　Point 类型测试结果

表 2-1 控件类型及部分属性设置

控件类型	序号	Name 属性	控件类型	序号	Name 属性
Label	（1）	lb _ OldCoord	Label	（14）	lb _ NewZ
	（2）	lb _ CoordMove		（15）	NewPInfos
	（3）	lb _ NewCoord	TextBox	a	tb _ OldPName
	（4）	lb _ PointA		b	tb _ X0
	（5）	lb _ OldX		c	tb _ Y0
	（6）	lb _ OldY		d	tb _ Z0
	（7）	lb _ OldZ		e	tb _ MX
	（8）	lb _ MoveX		f	tb _ MY
	（9）	lb _ MoveY		g	tb _ MZ
	（10）	lb _ MoveZ		h	tB _ NewPName
	（11）	lb _ PointB		i	tb _ NewX
	（12）	lb _ NewX		j	tb _ NewY
	（13）	lb _ NewY		k	tb _ NewZ
Button	（Ⅰ）	Bt _ ok	RichTextBox	①	

（8）在 Frm _ Point 窗体类添加两个 PointClass 类型的字段，如代码片段 2-3 所示。

代码片段 2-3：

```
Point PtOld = new Point ();
Point PtNew = new Point ();
```

（9）双击"确定"按钮，添加按钮事件，并在该事件里添加代码片段 2-4 所示的代码。

代码片段 2-4：

```
private void Bt_OK_Click(object sender, EventArgs e)
{
    OldP. ID = tBPIDO. Text; OldP. X = double. Parse(tbX0. Text);
    OldP. Y = double. Parse(tbY0. Text); OldP. Z = double. Parse(tbZ0. Text);
    OldP. IsCommon = false; OldP. IsControl = true;
    string OldPString = "旧" + OldP. ID + "\r\n" + OldP. X. ToString() + "\r\n";
    OldPString += OldP. Y. ToString() +"\r\n";
    OldPString += OldP. Z. ToString() +"\r\n";
    OldPString += OldP. IsCommon. ToString() +"\r\n";
    OldPString += OldP. IsControl. ToString() +"\r\n";
    rtbP. Text = OldPString;
    NewP. X = OldP. X +double. Parse(tbMX. Text);
    NewP. Y = OldP. Y +double. Parse(tbMY. Text);
    NewP. Z = OldP. Z +double. Parse(tbMZ. Text);
```

```
        NewP. IsCommon = true;
        tbX. Text = NewP. X. ToString( );
        tbY. Text = NewP. Y. ToString( );
        tbZ. Text = NewP. Z. ToString( );
        string NewPString = "新" + NewP. ID + "\r\n" + NewP. X. ToString( ) + "\r\n";
        NewPString += NewP. Y. ToString( ) +"\r\n";
        NewPString += NewP. Z. ToString( ) +"\r\n";
        NewPString += NewP. IsCommon. ToString( ) +"\r\n";
        NewPString += NewP. IsControl. ToString( ) +"\r\n";
        rtbP. Text += NewPString;
    }
```

（10）运行程序，在主界面中选择"Point 类应用（2-1）"，进入点类型应用程序。在这个程序中单击"确定"按钮，运行结果如图 2-3 所示。

2.1.2 测距类定义与应用

1. 测距类定义

测量距离数据类型，简称测距类，它表示的是两点观测距离的数据类型，这个数据类型通常情况下包括观测距离、起点和终点三个属性变量。距离为 double 类型，起点和终点为 Point 类型。该数据类型的定义如代码片段 2-5 所示。

代码片段 2-5：

```
public class DistanceObservationClass
{
    public double Dist { get; set; }
    public Point JPoint { get; set; }
    public Point KPoint { get; set; }
}
```

2. 测距类应用

按照以下步骤完成测距类的定义与功能测试。

（1）继续 2.1.1 小节的代码编写，在 Main 窗体中添加 RadioButton 控件，并将其 Name 属性设置为 rb_DistApp，Text 属性设置为"观测距离类应用（2-2）"，在 DefClass 文件中添加代码片段 2-5。

（2）选择 CH02 项目，使用右键菜单新建文件夹，并将文件夹名称修改为 2_2。

（3）选中该文件夹，使用右键菜单添加 Windows 窗体，并将窗体的 Name 属性修改为 Frm2_2，Text 属性修改为观测距离类测试程序。

（4）在 Frm2_2 窗体中分别添加 4 个 Label 标签、3 个 TextBox 文本控件、1 个 RichTextBox 控件及 1 个 Button 控件，控件的属性设置见表 2-2。

表 2-2　控件类型及部分属性设置

控件类型	序号	Name 属性	控件类型	序号	Name 属性
Label	（1）	lb _ SP	TextBox	①	tb _ SPoint
	（2）	lb _ EP		②	tb _ EPoint
	（3）	lb _ Dist		③	tb _ Dist
	（4）	lb _ DistInfos	ListBox	④	rtb _ distinfo
Button	（Ⅰ）	bt _ OK			

（5）代码片段 2-2 处应补充代码，在 ShowExperimentForm（）函数内的 switch…case 代码块内添加两行语句，内容如代码片段 2-6 所示。

代码片段 2-6：

```
private void ShowExperimentForm(string name)
{
    Form fm = null;
    switch (name)
    {
        case "rb_PointApp": fm = new Frm_Point();break;
        case "rb_DistApp":fm = new Frm2_2();break;
        default: break;
    }
    ……
}
```

（6）在 btOK 按钮控件中添加事件，事件代码如代码片段 2-7 所示。

代码片段 2-7：

```
private void btOK_Click(object sender, EventArgs e)
{
    DistanceObservationClass DistOClass = new DistanceObservationClass();
    Point JP = new Point();Point KP = new Point();JP.PID= tb_SPoint.Text;
    KP.PID= tb_EPoint.Text; DistOClass.Dist =double.Parse(tb_Dist.Text);
    DistOClass.JPoint = JP;  DistOClass.KPoint = KP; JP.X = 100.00;
    rtb_distinfo.Text = DistOClass.JPoint.PID +",  ";
    rtb_distinfo.Text = rtb_distinfo.Text + DistOClass.KPoint.PID +"\n\r";
    rtb_distinfo.Text = rtb_distinfo.Text +"之间的距离:";
    rtb_distinfo.Text = rtb_distinfo.Text + DistOClass.Dist.ToString()+"m";
}
```

（7）运行程序，进入观测距离类测试程序，程序运行结果如图 2-4 所示。在这个程序中可以修改点名及它们之间的距离，当然也可以进一步完善起点和终点信息。

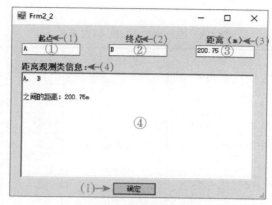

图 2-4 观测距离类测试结果

2.1.3 测角类定义与应用

1. 测角类定义

测角类（角度观测数据类型）主要是用来存储、管理角度观测数据的。角度观测数据类型的成员通常包括观测角度和三个端点。观测角度为 double 类型，三个端点为 Point 类型。有了角度观测数据类型，在第 5 章中可以方便地列出角度误差方程。角度观测数据类型的定义如代码片段 2-8 所示。

代码片段 2-8：

```
public class AngleObservationClass
{
    public double Angle { get; set; }
    public Point JPoint { get; set; }
    public Point KPoint { get; set; }
    public Point HPoint { get; set; }
}
```

2. 测角类应用

按照以下步骤完成测角类的定义与功能测试。

（1）继续 2.1.2 小节的代码编写，在 Main 窗体中添加 RadioButton 控件，并将其 Name 属性设置为 rb_AngelApp，Text 属性设置为"角度观测类应用（2-3）"，在 DefClass 文件中添加代码片段 2-8 所示的内容。

（2）选择 CH02 项目，使用右键菜单新建文件夹，并将文件夹名称修改为 2_3。

（3）选中该文件夹，使用右键菜单添加 Windows 窗体，并将窗体的 Name 属性修改为 Frm_Angle，Text 属性修改为角度观测类测试程序。

（4）在 Frm_Angle 窗体中添加 14 个 Label 控件、10 个 TextBox 文本控件及 1 个

Button 控件，控件的属性设置见表 2-3。

表 2-3 控件类型及部分属性设置

控件类型	序号	Name 属性	控件类型	序号	Name 属性
Label	(1)	lb_JPName	Label	(8)	lb_HPX
	(2)	lb_JPX		(9)	lb_HPY
	(3)	lb_JPY		①	lb_JPoint
	(4)	lb_KPName		②	lb_KPoint
	(5)	lb_KPX		③	lb_HPoint
	(6)	lb_KPY		④	lb_Angle
	(7)	lb_HPName		⑤	lb_Unit
TextBox	a	tb_JPName	TextBox	g	tb_HPName
	b	tb_JPX		h	tb_HPX
	c	tb_JPY		i	tb_HPY
	d	tb_KPName		j	tb_Angel
	e	tb_KPX	Button	(Ⅰ)	bt_AngleClc
	f	tb_KPY		(Ⅱ)	bt_FrmClose

(5) 在 btOK 按钮控件中添加事件，事件代码如代码片段 2-9 所示。

代码片段 2-9：

```
private void btOK_Click(object sender, EventArgs e)
{
    AngleObservationClass AOC = new AngleObservationClass();
    PointClass APoint = new PointClass();PointClass BPoint = new PointClass();
    PointClass CPoint = new PointClass();
    APoint.PID = "A"; APoint.X = 100.00; APoint.Y = 80.00;
    BPoint.PID = "B"; BPoint.X = 200.00; BPoint.Y = 180.00;
    CPoint.PID = "C"; CPoint.X = 100.00; CPoint.Y = 180.00;
    AOC.Angle = Math.PI;
    tbJPName.Text = APoint.PID; tbJPX.Text = APoint.X.ToString();
    tbJPY.Text = APoint.Y.ToString();
    tbKPName.Text = CPoint.PID; tbKPX.Text = CPoint.X.ToString();
    tbKPY.Text = CPoint.Y.ToString();
    tbHPName.Text = BPoint.PID; tbHPX.Text = BPoint.X.ToString();
    tbHPY.Text = BPoint.Y.ToString();
    tbAngel.Text = AOC.Angle.ToString();
}
```

(6) 运行程序，进入测角类测试应用程序，程序运行结果如图 2-5 所示。程序窗体显示了观测角度 3 个端点信息及角度值，当然也可以修改 3 个点和角度观测值。

第 2 章　测量数据处理常用类的定义与应用

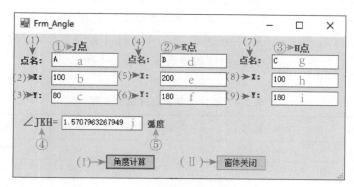

图 2-5　测角类测试结果

2.2　水准网测段类定义与应用

2.2.1　水准网测段类定义

水准网测段类主要是针对水准测量数据处理需求开发设计的一个自定义数据类型。水准测量外业数据经过处理后，一个测段通常由前视点、后视点、测距、往测高差、返测高差等观测信息组成。根据实际工作内容定义水准网测段类，详细代码如代码片段 2-10 所示。

代码片段 2-10：

```
public class MeasuringSegment
{
    public string LID { get; set; }              //测段号
    public Point SP { get; set; }                //起点
    public Point EP { get; set; }                //终点
    public double DiffH { get; set; }            //往测高差(起点－终点)
    public double BackDiffH { get; set; }        //返测高差(终点－起点)
    public double Distance { get; set; }         //观测距离
}
```

2.2.2　水准网测段类应用

假设在水准测量工程中观测了从 A 点到 B 点的高差，在这个测段内，已知 A 点的高程为 100.00m，高差 h_{AB} 为 1.321m，测量距离为 1.35km。试编写程序求 B 点的高程。

按照以下步骤完成水准网测段类的定义与 B 点高程求解功能程序。

(1) 继续 2.1.3 小节的代码编写，在 Main 窗体中添加 RadioButton 控件，并将其 Name 属性设置为 rb_LeveStationAPP，Text 属性设置为水准网测段类应用（2-4），在 DefClass 文件中添加代码片段 2-10。

(2) 选择 CH02 项目，使用右键菜单新建文件夹，并将文件夹名称修改为 2_4。

31

（3）选中该文件夹，使用右键菜单添加 Windows 窗体，并将窗体的 Name 属性修改为 Frm_LeveStation，Text 属性修改为水准网测段类应用测试程序。

（4）在 Frm_LeveStation 窗体分别添加 8 个 Label 控件、8 个 TextBox 控件、3 个 GroupBox 控件及 2 个 Button 控件，控件属性设置如表 2-4 所示。

表 2-4 控件类型及部分属性设置

控件类型	序号	Name 属性	控件类型	序号	Name 属性
Label	（1）	lb_BP	Label	（5）	lb_BPY
	（2）	lb_SP		（6）	lb_SPY
	（3）	lb_FP		（7）	lb_FPY
	（4）	lb_FPX		（8）	ltb_Result
TextBox	（a）	tb_BPID	TextBox	（f）	tb_SPY
	（b）	tb_FPID		（g）	tb_FPY
	（c）	tb_BPX		（h）	tb_BD
	（d）	tb_SPX	Button	a	bt_Clc
	（e）	tb_BPY		b	bt_Close

（5）在 btOK 按钮控件中添加事件，如代码片段 2-11 所示。

代码片段 2-11：

```
private void btOK_Click(object sender, EventArgs e)
{
    MeasuringSegment MS = new MeasuringSegment();
    PointClass SPoint = new PointClass();PointClass EPoint = new PointClass();
    PointClass APoint = new PointClass(); PointClass BPoint = new PointClass();
    APoint.PID = tbSPN.Text; APoint.Z = double.Parse(tbSPH0.Text);
    BPoint.PID = tbEPN0.Text; MS.SP = SPoint; MS.EP = EPoint;
    MS.DiffH = double.Parse(tbDifH.Text); SPoint.PID = tbSPN.Text; EPoint.PID = tbEPN.Text;
    if (MS.SP.PID == APoint.PID && MS.EP.PID == BPoint.PID)
    {BPoint.Z = APoint.Z + MS.DiffH; }
    else
    {MessageBox.Show("测段中不包含已知点或者未知点","提示信息",MessageBoxButtons.OK);
    }
    tbEPH0.Text = BPoint.Z.ToString();
}
```

（6）运行程序，进入水准网测段类应用程序，结果如图 2-6 所示。这个程序窗口显示了水准测量测段起点、终点以及测段信息，可以通过修改往测高差、起始点高程来计算终止点高程。

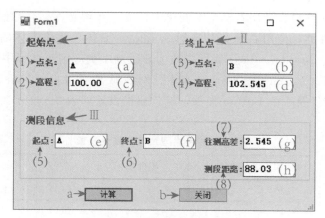

图 2-6 水准网测段类测试结果

2.3 导线网测站类定义与应用

2.3.1 导线网测站类定义

导线网测站类主要是针对导线测量数据处理需求开发设计的一个自定义数据类型。导线网外业观测数据是由一系列测站观测数据组成的，导线网测站观测数据通常由前视点、后视点、前视距、后视距、观测左角、观测右角以及后视方位角等属性信息组成。根据实际测量工作内容定义导线网测站类，具体代码如代码片段 2-12 所示。

代码片段 2-12：

```
public class T_N_SurveyStation
{
    public PointClass SP { get; set; }// 测站点
    public PointClass FP { get; set; } public PointClass BP { get; set; } //前视点与后视点
    public double DisB { get; set; } public double DisF { get; set; } //后视距与前视距
    public double LAngle { get; set; } public double RAngle { get; set; }//左角、右角°′″
    public double BAzimuth { get; set; } //后视方位角
    public double FAzimuth { get; set; }//前视方位角
}
```

2.3.2 导线网测站类应用

设计程序界面主要使用了 Label、TextBox、ListBox 等控件来输入、输出导线网测站信息。

按照以下步骤完成导线网测站类的定义与导线网测站类的应用测试。

（1）继续 2.2 节的代码编写，在 Main 窗体中添加 RadioButton 控件，并将其 Name 属性设置为 rbT_N_SurveyStationApp，Text 属性设置为"导线网测站类应用（2-5）"，在

DefClass 文件中添加代码片段 2-12。

（2）选择 CH02 项目，使用右键菜单新建文件夹，并将文件夹名称修改为 2_5。

（3）选中该文件夹，使用右键菜单添加 Windows 窗体，并将窗体的 Name 属性修改为 Frm_T_N_SurveyStation，Text 属性修改为导线测站类应用测试程序。

（4）在 Frm_T_N_SurveyStation 窗体分别添加 17 个 Label 控件、13 个 TextBox 控件、1 个 ListBox 控件及 1 个 Button 控件，控件属性设置如表 2-5 所示。

表 2-5 控件类型及部分属性设置

控件类型	序号	Name 属性	控件类型	序号	Name 属性
Label	（1）	lb_BP	Label	（10）	lb_BPY
	（2）	lb_SP		（11）	lb_SPY
	（3）	lb_FP		（12）	lb_FPY
	（4）	lb_BPName		（13）	lb_BDist
	（5）	lb_SPName		（14）	lb_FDist
	（6）	lb_FPName		（15）	lb_SPInfos
	（7）	lb_BPX		（16）	lb_LA
	（8）	lb_SPX		（17）	lb_RA
	（9）	lb_FPX	ListBox	I	ltb_Result
TextBox	(a)	tb_BPID	Button	II	bt_OK
	(b)	tb_SPID	TextBox	(h)	tb_SPY
	(c)	tb_FPID		(i)	tb_FPY
	(d)	tb_BPX		(j)	tb_BD
	(e)	tb_SPX		(k)	tb_FD
	(f)	tb_FPX		(l)	tb_LA
	(g)	tb_BPY		(m)	tb_RA

（5）在 btOK 按钮控件中添加事件，事件代码如代码片段 2-13 所示。

代码片段 2-13：

```
private void btOK_Click(object sender, EventArgs e)
{
    lBResult.Items.Clear();
    T_N_SurveyStation TNSS = new T_N_SurveyStation(); PointClass BPoint = new PointClass();
    PointClass FPoint = new PointClass(); PointClass SPoint = new PointClass();
    TNSS.BP = BPoint; TNSS.FP = FPoint; TNSS.SP = SPoint;
    BPoint.PID = tbBPID.Text; BPoint.X = double.Parse(tbBpX.Text);
    BPoint.Y = double.Parse(tbBpY.Text); FPoint.PID = tbFPID.Text;
    FPoint.X = double.Parse(tbFpX.Text); FPoint.Y = double.Parse(tbFpY.Text);
```

```
SPoint.PID = tbSPID.Text;
SPoint.X = double.Parse(tbSpX.Text); SPoint.Y = double.Parse(tbSpY.Text);
TNSS.DisB = double.Parse(tbBD.Text); TNSS.DisF = double.Parse(tbFD.Text);
if (tbLA.Text == "") tbLA.Text = "-100";
if (tbRA.Text.Contains(" ")) tbRA.Text = "-100";
TNSS.LAngle = double.Parse(tbLA.Text); TNSS.RAngle = double.Parse(tbRA.Text);
lBResult.Items.Add(TNSS.BP.PID+", X:"+TNSS.BP.X.ToString()+", Y:"+
TNSS.BP.Y.ToString());
lBResult.Items.Add(TNSS.FP.PID +", X:" + TNSS.FP.X.ToString() + ",
Y:" + TNSS.FP.Y.ToString());
lBResult.Items.Add(TNSS.SP.PID +", X:" + TNSS.SP.X.ToString() + ", Y:"
+ TNSS.SP.Y.ToString());
lBResult.Items.Add("DisB="+TNSS.DisB.ToString()+", DisF=" + TNSS.DisF.ToString());
lBResult.Items.Add("LA=" + TNSS.LAngle.ToString() + ", RA=" + TNSS.RAngle.ToString());
}
```

（6）运行程序，进入导线网测站类测试应用程序，程序运行结果如图 2-7 所示。可以修改后视点、测站点、前视距等观测信息，并依据这些信息计算出前视点平面坐标。

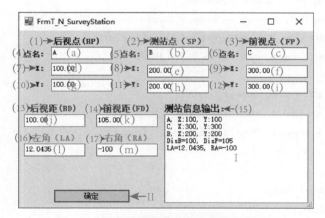

图 2-7　导线网测站类应用程序运行结果

2.4　测量点读入类定义与应用

测量数据处理程序需要将大量的观测数据批量读入计算机中，为后续数据处理提供必要的处理对象。点类型数据、水准测量测段数据及导线网测站数据是测量外业工作具有代表性的数据类型，为了提高数据处理效率，针对这些数据的批量读入自定义了它们的数据读入类。

2.4.1　测量点读入类定义

根据 Point 类的属性，定义了该数据类型的读取方法。包含这个方法的类有一个

Dictionary 类型的属性和一个 DR_Points（string FileName）方法。Dictionary 类型的属性是用来存储、管理读入的点数据；DR_Points（）方法的形参（形式参数）为点类型数据文件名，功能是读取这个文件的数据。测量点数据读入类的主要代码如代码片段 2-14 所示。

代码片段 2-14：

```csharp
public class ReadPoint
{
    public Dictionary<string, Point> Points = new Dictionary<string, Point>();
    public void DR_Points(string Title)
    {
        OpenFileDialog oFDialog = new OpenFileDialog() { Title = Title };
        if (oFDialog.ShowDialog() == DialogResult.OK)
        {
            string FileName = oFDialog.FileName;
            FileStream fs = new FileStream(FileName, FileMode.Open);
            StreamReader MyReader = new StreamReader(fs, Encoding.UTF8);
            while (MyReader.EndOfStream != true)
            {
                string Temp = MyReader.ReadLine();
                List<string> TempString = Temp.Split(new char[3] { ',', ',', ' '},
                    StringSplitOptions.RemoveEmptyEntries).ToList<string>();
                Points.Add(TempString[0].Trim(), new Point
                    {
                        ID = TempString[0].Trim(),
                        X = double.Parse(TempString[1].Trim()),
                        Y = double.Parse(TempString[2].Trim()),
                        IsCtr = true});
            }
            MyReader.Close();
            fs.Close();
        }
    }
}
```

需要说明的是，DR_Points（）方法要求数据间用中文逗号、英文逗号以及空格作为分隔符，而且只能读入点名、X 坐标、Y 坐标的数据格式。

2.4.2 测量点读入类应用

例：对表 2-6 中的点数据批量读取，然后对读取数据按照点名进行排序，对指定点进行数据更改，并将最后结果输出。

第 2 章 测量数据处理常用类的定义与应用

表 2-6 测量点数据集合

点名	X 坐标	Y 坐标	点名	X 坐标	Y 坐标
1	345621.029	389529.329	7	345527.222	389332.855
2	341892.832	389892.598	8	341562.531	389356.668
3	342491.693	389345.329	9	342864.963	389769.239
4	341834.887	389218.689	10	341864.880	389876.879
5	341474.566	389396.862	11	341464.506	389996.902
6	341892.473	389962.978	12	341982.047	389664.328

按照以下步骤完成测量点读写类的定义，并使用该类对表 2-6 这些数据进行一系列操作。

（1）继续 2.3 节的代码编写，在 Main 窗体中添加 RadioButton 控件，并将其 Name 属性设置为 rbReadPointApp，Text 属性设置为"点数据读取类应用（2-6）"。

（2）选择 CH02 项目，使用右键菜单添加类文件，随后将文件名修改为 ReadPoint.cs，在该文件中添加代码片段 2-14 的内容。

（3）选择 CH02 项目，使用右键菜单新建文件夹，并将文件夹名称修改为 2_6。

（4）选中该文件夹，使用右键菜单添加 Windows 窗体，并将窗体的 Name 属性修改为 Frm_ReadPoint，Text 属性修改为点数据读取类（读入类）测试应用程序。

（5）在 Frm_ReadPoint 窗体分别添加 3 个 Label 控件、1 个 TextBox 控件、2 个 DataGridView 控件及 2 个 Button 控件，控件属性设置如表 2-7 所示。

表 2-7 控件类型及部分属性设置

控件类型	序号	Name 属性	控件类型	序号	Name 属性
Label	①	lb_readPoints	DataGridView	(a)	dgv_ReadPoint
	②	lb_PName		(b)	dgv_Find
	③	lb_FindR	TextBox	(c)	tb_PName
Button	④	btReadPoint	Button	⑤	btFind

（6）在 Frm_ReadPoint 类中添加 PointsCtrlOrder 字段，如代码片段 2-15 所示。

代码片段 2-15：

```
public partial class Frm_ReadPoint : Form
{
    Dictionary<string, Point> PointsCtrlOrder = new Dictionary<string, Point>();
    public Frm_()
    {
```

```
        InitializeComponent();
    }
    ……
}
```

（7）在 btReadPoint 按钮控件中添加事件，该事件是读取"D:\\ 点数据.txt"文件的数据，这个文件的内容如图 2-8 所示，按钮事件代码如代码片段 2-16 所示。

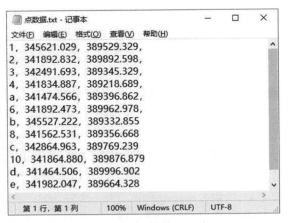

图 2-8 点数据集合

代码片段 2-16：

```
private void btReadPoint_Click(object sender, EventArgs e)
{
    ReadPoint ReadPoint1 = new ReadPoint();
    string FileName= "D:\\点数据.txt";
    ReadPoint1.DR_Points(FileName);
    ReadPoint1 = ReadPoint1.PointsCtrl.OrderBy(o => o.Key).ToDictionary
    (p => p.Key, p => p.Value);
    BindingSource bs = new BindingSource();
    bs.DataSource = PointsCtrlOrder.Values;
    dGVReadPoint.DataSource = bs;
}
```

（8）在 btFind 按钮控件中添加事件，如代码片段 2-17 所示。

代码片段 2-17：

```
private void btFind_Click (object sender, EventArgs e)
{
    BindingSource bs = new BindingSource();
    if (PointsCtrlOrder.Keys.Contains(tbName.Text))
```

```
        {
            bs.DataSource = PointsCtrlOrder[tbName.Text];
            dgVFind.DataSource = bs;
        }
        else
        {MessageBox.Show("查询的点不存在","友情提醒",MessageBoxButtons.OK);}
    }
```

（9）运行程序，进入点数据读取类测试应用程序。单击"数据读取"，读取结果显示在左侧 DataGridView 控件中，单击"查找数据"，可以通过点名查找对应点的信息，结果显示在右侧的 DataGridView 中，程序的运行结果如图 2-9 所示。

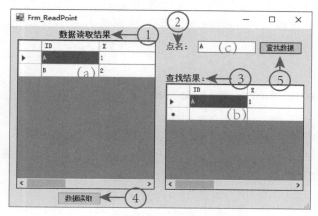

图 2-9 点数据读取类应用测试结果

2.5 静态工具类定义与应用

2.5.1 静态工具类定义

在测绘数据的信息化处理中，经常涉及两点距离、方位角、待定点坐标等的计算以及不同角度单位之间的换算等，将这些常用处理方法封装到不需要实例化的静态类中，将会大大提高程序开发效率以及程序的可读性。我们将包含上述这些方法的静态类定义为 Tool（工具）类（又称为静态工具类），它是一个公有的静态类，不用实例化，可以直接使用其静态方法。该类的定义如代码片段 2-18 所示。

代码片段 2-18：

```
public static class Tool
{
    public static double distIIP(Point P1, Point P2){略}
    public static double IIPointFW(Point P1, Point P2){略}
```

```
        public static double AjustAngle(double angle){略}
        public static double llPointFW(Point P1, Point P2){略}
        public static Point AzimuthDistToP(Point SP, double Azimuth, double Distance){略}
        public static double DMSToRad(double Deg){略}
        public static string RadToDeg_DMS(double Radian){略}
        public static double RadToDeg(double Radian){略}
    }
```

下面介绍 Tool 类中一些方法的功能、形式参数以及详细代码。

1. distllP（Point StartP，Point EndP）方法

distllP（Point StartP，Point EndP）方法的功能是计算 StartP、EndP 两个点之间的距离，形式参数为两个点类型（Point 类型）参数，返回值为 double 类型。这个方法的定义如代码片段 2-19 所示。

代码片段 2-19：

```
public static double distllP(Point StartP, Point EndP)
{
    double dist = Math.Sqrt((P1.X - P2.X) * (P1.X - P2.X) + (P1.Y - P2.Y) * (P1.Y - P2.Y));
    return Math.Abs(dist);
}
```

2. llPointFW（Point StartP，Point EndP）方法

llPointFW（Point StartP，Point EndP）方法的功能是计算起点指向终点的方位角，计算结果的单位为弧度，形式参数有两个，均为 Point 类型，返回值为 double 类型。这个方法的定义如代码片段 2-20 所示。

代码片段 2-20：

```
public static double llPointFW(Point StarP, Point EndP)
{
    double FW;
    FW = Math.Atan2((EndP.Y - StarP.Y), (EndP.X - StarP.X));
    if (FW < 0) FW = FW + Math.PI * 2;
    return FW;
}
```

3. AzimuthDistToP（Point SP，double Azimuth，double Distance）方法

AzimuthDistToP（Point SP，double Azimuth，double Distance）方法的功能是依据测站点、方位角及观测距离计算待定点平面坐标。这个方法有 3 个形式参数：Point 类型的 SP 为测站点坐标；double 类型的 Azimuth 为测站点到未知点的方位角，它的单位为弧度；

double 类型的 Distance 为测站点到未知点的距离。这个方法的返回值为待定点的平面坐标，以 Point 类型作为返回值。此方法的定义，如代码片段 2-21 所示。

代码片段 2-21：

```
public static Point AzimuthDistToP(Point SP, double Azimuth, double Distance)
{
    Point tagetP = new Point();
    tagetP.X = SP.X + Distance * Math.Cos(Azimuth);
    tagetP.Y = SP.Y + Distance * Math.Sin(Azimuth);
    return tagetP;
}
```

4. DMSToRad（double DMS）方法

DMSToRad（double DMS）方法的功能是将度分秒为单位的角度转换为弧度单位。这个方法仅有一个形式参数为度分秒格式的角度，返回值为 double 类型的弧度值。此方法的定义，如代码片段 2-22 所示。

代码片段 2-22：

```
public static double DMSToRad(double DMS)
{
    double du = Math.Floor(DMS);
    double fen = Math.Floor((DMS - du) * 100);
    double miao = DMS * 10000 - du * 10000 - fen * 100;
    double Rad = (du + fen / 60.0 + miao / 3600.0) / 180.0 * Math.PI;
    return Rad;
}
```

5. RadToDMS（double Radian）方法

RadToDMS（double Radian）方法的功能是将角度单位由弧度转换为度分秒形式，这个方法的形式参数为 double 类型的 Radian，返回值为以度分秒为单位的字符串类型的角度。此方法的定义，如代码片段 2-23 所示。

代码片段 2-23：

```
public static string RadToDMS(double Radian)
{
    double deg = Radian / Math.PI * 180;//度
    int d = (int)Math.Floor(deg);
    int m = (int)Math.Floor((deg - d) * 60);
    double s = ((((deg - d) * 60) - m) * 60);
    s = Math.Round(s, 2);
    string DMS = d.ToString() + "°" + m.ToString("d2") + "'" + s.ToString("f2") + "~";
```

```
        return DMS;
    }
```

2.5.2 静态工具类应用

例：在文本框中给出两个点的坐标，由此计算这两个点的距离、方位角。此外，也可以根据已知点坐标、方位角求待定点的坐标。所有的文本框内容均可以修改，两种方法相互计算可以验证彼此的正确性。

按照以下步骤完成静态工具类的定义，并对静态方法进行一系列操作测试。

（1）继续 2.4 小节的代码编写，在 Main 窗体中添加 RadioButton 控件，并将其 Name 属性设置为 rbToolApp，Text 属性设置为"工具类应用程序（2-7）"。

（2）选择 CH02 项目，使用右键菜单添加类，并将文件名修改为 Tool.cs，在该文件中添加代码片段 2-18，并将静态方法实现代码补充到代码片段 2-18 中。

（3）选择 CH02 项目，使用右键菜单新建文件夹，并将文件夹名称修改为 2_7。

（4）选中该文件夹，使用右键菜单添加 Windows 窗体，并将窗体的 Name 属性修改为 Frm_Tool，Text 属性修改为静态工具类应用程序。

（5）在 Frm_Tool 窗体分别添加 15 个 Label 控件、15 个 TextBox 控件、3 个 GroupBox 控件及 2 个 Button 控件，控件属性设置如表 2-8 所示。

表 2-8　控件类型及部分属性设置

控件类型	序号	Name 属性	控件类型	序号	Name 属性
Label	（1）	lb_PAName	Label	（9）	lb_ⅡFW1
	（2）	lb_AX		（10）	lb_unPoint
	（3）	lb_AY		（11）	lb_unPX
	（4）	lb_PBName		（12）	lb_unPY
	（5）	lb_BX		（13）	lb_ⅡPDist2
	（6）	lb_BY		（14）	lb_ⅡFW2
	（7）	lb_SName		（15）	lb_or
	（8）	lb_ⅡPDist1		h	tb_ⅡDist1
TextBox	a	tb_AName		i	tb_ⅡPFW1
	b	tb_AX		j	tb_unPoint
	c	tb_AY	TextBox	k	tb_unPX
	d	tb_BName		l	tb_unPY
	e	tb_BX		m	tb_ⅡDist2
	f	tb_BY		n	tb_ⅡPFW2
	g	tb_SName		o	tb_ⅡPFW3
GroupBox	（Ⅰ）	gb_ⅡPInfos	Button	（Ⅳ）	bt_RelationC
	（Ⅱ）	gb_CPCoord		（Ⅴ）	bt_CoordC
	（Ⅲ）	gb_ⅡPRelation			

(6) 在 Frm_Tool 类中添加 P1、P2 及 SP 三个字段。在两个点关系计算中用 P1、P2 管理第 1 个点和第 2 个点的点信息。在未知点坐标计算中用 SP 管理测站点信息，如代码片段 2-24 所示。

代码片段 2-24：

```
public partial class Frm_Tool : Form
{
    Point P1 = new Point();Point P2 = new Point();  Point SP = new Point();
    ……
}
```

(7) 在 btRelaCalcu 按钮控件中添加事件，该事件是计算两个点的距离、方位角等相关信息，方位角用弧度和度分秒两种单位表示。按钮事件的详细代码如代码片段 2-25 所示。

代码片段 2-25：

```
private void btRelaCalcu_Click(object sender, EventArgs e)
{
    P1.ID = tb1ID.Text;
    P1.X = double.Parse(tb1X.Text); P1.Y = double.Parse(tb1Y.Text);
    P2.ID = tb2ID.Text;
    P2.X = double.Parse(tb2X.Text); P2.Y = double.Parse(tb2Y.Text);
    double dist = Tool.distIIP(P1, P2); double FWJ = Tool.IIPointFW(P1, P2);
    tbToPDist.Text = dist.ToString("f3");
    tbToPFW.Text = Math.Round(FWJ, 6).ToString()+"  弧度";
    tbToPFW2.Text = Tool.RadToDMS(FWJ);
    tbSID.Text = P1.ID;
    tbDist.Text = dist.ToString("f3");   tbFW.Text = FWJ.ToString("f6");
}
```

(8) 在 btCoordCalcu 按钮控件中添加事件，该事件的功能是在 DPoint 集合（Dictionary 类型）中选择一个点作为测站点，利用观测距离和方位角计算待定点坐标，然后将待定点添加到 DPoint 集合中。按钮事件的详细代码可参考代码片段 2-26。

代码片段 2-26：

```
private void btCoordCalcu_Click(object sender, EventArgs e)
{
    Dictionary<string, Point> DPoint = new Dictionary<string, Point>();
    Point uPoint = new Point();
    DPoint.Add(P1.ID, P1); DPoint.Add(P2.ID, P2);
    if (DPoint.Keys.Contains(tbSID.Text))
    {
        uPoint=Tool.AzimuthDistToP(DPoint[tbSID.Text],
```

```
            double.Parse(tbFW.Text),double.Parse(tbDist.Text));
        tbUPX.Text = uPoint.X.ToString("f3");
        tbUPY.Text = uPoint.Y.ToString("f3");
        DPoint.Add(tbUP.Text, uPoint);
    }
    else
    {
        MessageBox.Show("起算数据不全","友情提醒",MessageBoxButtons.OK);
    }
}
```

这个方法应用了Dictionary＜string，Point＞类型，该类型可以以点名作为关键词实现数据的查找操作，提高了代码的编写效率。

（9）运行程序，进入静态工具类应用程序，如图2-10所示。两个计算起算数据的文本框具有初始值，这些值均可以修改，具有初值主要是方便测试程序。单击"关系计算"按钮，计算结果显示在两点关系文本框中，这些结果也会赋值给计算待定点坐标的起算数据文本框中。计算待定点坐标起算数据的文本框内容及待定点名称均可以修改。测站点名只能输入A、B两个点当中的一个点，否则不能够正确计算。单击"坐标计算"按钮可以完成待定坐标计算，计算结果X、Y坐标值显示在文本框中。

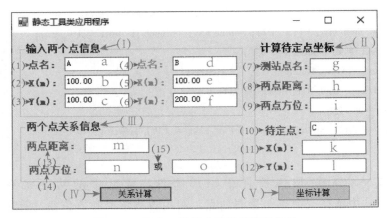

图2-10 静态工具类应用程序运行结果

2.6 矩阵类定义与应用

2.6.1 矩阵基本知识

1. 矩阵的定义及某些特殊的矩阵

（1）有$m \times n$个数有次序地排成m行n列的表叫作矩阵，通常用一个大写字母表示，如：

$$A_{m\times n} = \begin{bmatrix} a_{11} & a_{12} & \cdots & a_{1n} \\ a_{21} & a_{22} & \cdots & a_{2n} \\ \vdots & \vdots & & \vdots \\ a_{m1} & a_{m2} & \cdots & a_{mn} \end{bmatrix}$$

（2）若 $m=n$，即行数与列数相同，称 A 为方阵。元素 a_{11}，a_{22}，$\cdots$，a_{mm} 称为对角元素。

（3）若一个矩阵的元素全为 0，称为零矩阵，一般用 O 表示。

（4）对于 $n \times n$ 的方阵，除对角元素外，其他元素全为零，称为对角矩阵。如：

$$A_{m\times n} = \begin{bmatrix} a_{11} & 0 & \cdots & 0 \\ 0 & a_{22} & \cdots & 0 \\ \vdots & \vdots & & \vdots \\ 0 & 0 & \cdots & a_{mm} \end{bmatrix} = \mathrm{diag}\,(a_{11} \quad a_{22} \quad \cdots \quad a_{mm})$$

（5）对于对角矩阵，若 $a_{11}=a_{22}=\cdots=a_{mm}=1$，称为单位矩阵，一般用 E 或 I 表示。

（6）若 $a_{ij}=a_{ji}$，则称 A 为对称矩阵。

2. 矩阵的基本运算

（1）若具有相同行列数的两矩阵各对应元素相同，则 $A=B$。

（2）具有相同行列数的两矩阵 A、B 相加/减，其行列数与 A、B 相同，其元素等于 A、B 对应元素之和/差；且具有可交换性与可结合性。

（3）设 A 为 $m\times s$ 的矩阵，B 为 $s\times n$ 的矩阵，则 A、B 相乘才有意义，$C=AB$，C 的阶数为 $m\times n$。$OA=AO=O$，$IA=AI=A$（I 为单位矩阵），$A(B+C)=AB+AC$，$ABC=A(BC)$。

（4）矩阵的转置。设有 C_{mn}：

$$C_{m\times n} = \begin{bmatrix} C_{11} & C_{12} & \cdots & C_{1n} \\ C_{21} & C_{22} & \cdots & C_{2n} \\ \vdots & \vdots & & \vdots \\ C_{m1} & C_{m2} & \cdots & C_{mn} \end{bmatrix}$$

将其行列互换，得到一个 $n\times m$ 阶矩阵，称为 C 的转置，即

$$C^{\mathrm{T}}_{n\times m} = \begin{bmatrix} C_{11} & C_{21} & \cdots & C_{m1} \\ C_{12} & C_{22} & \cdots & C_{m2} \\ \vdots & \vdots & & \vdots \\ C_{1n} & C_{2n} & \cdots & C_{mn} \end{bmatrix}$$

矩阵转置的性质：

$C=D^{\mathrm{T}}$，则 $D=C^{\mathrm{T}}$；$(A^{\mathrm{T}})^{\mathrm{T}}=A$；$(A+B)^{\mathrm{T}}=A^{\mathrm{T}}+B^{\mathrm{T}}$；$(KA)^{\mathrm{T}}=KA^{\mathrm{T}}$；$(AB)^{\mathrm{T}}=B^{\mathrm{T}}A^{\mathrm{T}}$。如 $A^{\mathrm{T}}=A$，则 A 为对称矩阵。

（5）矩阵的逆。给定一个 n 阶方阵 A，若存在一个同阶方阵 B，使 $AB=BA=I$，称 B 为 A 的逆矩阵，即 $B=A^{-1}$。

A 矩阵存在逆矩阵的充分必要条件是 A 的行列式的值不等于 0,称 A 为非奇异矩阵,否则为奇异矩阵。

矩阵逆的性质:

$$(AB)^{-1}=B^{-1}A^{-1};\ (A^{-1})^{-1}=A;\ (I)^{-1}=I;\ (A^{T})^{-1}=(A^{-1})^{T}.$$

对称矩阵的逆仍为对称矩阵,且

$$A^{-1}=(\mathrm{diag}(a_{11},a_{22},\cdots,a_{nn}))^{-1}=\mathrm{diag}\left(\frac{1}{a_{11}},\frac{1}{a_{22}},\cdots,\frac{1}{a_{nn}}\right)$$

2.6.2 矩阵类定义

测量数据处理经典的方法为最小二乘平差方法,在这个平差方法中常涉及矩阵运算,矩阵类设计的好坏直接关系到程序执行效率的高低。矩阵类主要包括矩阵赋值、加、减、乘及求逆等运算方法。下面给出了矩阵类定义的详细代码,并对关键语句进行注释。主要代码如代码片段 2-27 所示。

代码片段 2-27:

```csharp
public class Matrix
{
    private double[,] data; //二维数组存在矩阵数据
    private int row; // 矩阵行数
    private int col; // 矩阵列数
    public Matrix()// 无参数构造空矩阵
    {
        row = col = 0;
        data = null;
    }
    public Matrix(int row) //构造行、列等于 row 的零矩阵
    {
        this.row = this.col = row;//矩阵的 row 和 col 均为 row
        data = new double[row, col];
        for (int i = 0; i < row; i++)
        {
            for (int j = 0; j < col; j++)
            { data[i, j] = 0; }//每个元素赋 0
        }
    }
    public Matrix(int row, int col) //构造 row 行、col 列的零矩阵
    {
        int i = 0, j = 0; // 生成一个 row 行、col 列的零矩阵
        this.row = row; this.col = col;
        this.data = new double[row, col];
        for (i = 0; i < row; i++)
```

```csharp
      {for (j = 0; j < col; j++)
        {this.data[i, j] = 0; }
      }
    }
    public Matrix(double[] M) // 构造主对角元素等于一维数组的二维矩阵
    {
      row = col = M.GetLength(0);
      data = new double[row, col];
      for (int i = 0; i < this.row; i++)
      {
        for (int j = 0; j < this.col; j++)
        {
          if (i == j)
          {
            this.data[i, j] = M[i];
          }
          else
          {
            this.data[i, j] = 0;
          }
        }
      }
    }
    public Matrix(double[,] M) // 构造一个与二维数组相同的矩阵
    {
      this.row = M.GetLength(0); this.col = M.GetLength(1);
      this.data = new double[this.row, this.col];
      for (int i = 0; i < this.row; i++)
      {
        for (int j = 0; j < this.col; j++)
        {data[i, j] = M[i, j]; }
      }
    }
    public Matrix(List<List<double>> M)//参数为双 List 类型的二维数组
    {
      row = M.Count();
      col = M[0].Count();
      data = new double[row, col];
      for (int i = 0; i < row; i++)
      {
```

```csharp
        for (int j = 0; j < col; j++)
        { data[i, j] = M[i][j]; }
    }
}
public int Rows//私有属性矩阵的行数 row 的公有访问接口
{
    get { return row; }//<value>只包含 get 方法,不包含 set 方法,即只可访问不可设置
}
public int Cols//私有属性矩阵的列数 col 的公有访问接口
{
    get { return col; }//<value>只包含 get 方法,不包含 set 方法,即只可访问不可设置
}
public double this[int i, int j] // a[i,j]=value 方式给矩阵赋值
{
    get
    {
        if (i < Rows && j < Cols)        return data[i, j];
        else
        {
            System.Exception ex = new Exception("索引超出界限!");
            throw ex;
        }
    }
    set
    {
        data[i, j] = value;
    }
}
public double getNum(int i, int j)    //获取矩阵某一特定行列位置的数值
{
    return this.data[i, j];
}
public double[,] getDataArray()    //获取矩阵存储数据的二维数组
{
    return this.data;
}
public static Boolean isSameDimension(Matrix m1, Matrix m2)
{// 判断两个矩阵的秩即行列数是否相等
    return m1.Rows == m2.Rows && m1.Cols == m2.Cols;
}
public static Matrix getEinheitsMatrix(int dimension) // 获得一个单位矩阵
{
```

```csharp
    if (dimension <= 0) throw new Exception("参数有误,请检查");
    Matrix einheitsMatrix = new Matrix(dimension);
    for (int i = 0; i < dimension; i++)
    {
        einheitsMatrix[i, i] = 1;
    }
    return einheitsMatrix;
}
public static Matrix add(Matrix m1, Matrix m2)  // 矩阵的加法
{
    if (! Matrix.isSameDimension(m1, m2)) throw new Exception("矩阵行列值不等,不能相加");
    Matrix result = new Matrix(m1.Rows, m2.Cols);
    for (int i = 0, row = m1.Rows; i < row; i++)
    {
        for (int j = 0, col = m1.Cols; j < col; j++)
        {
            result[i, j] = m1[i, j] + m2[i, j];
        }
    }
    return result;
}
public static Matrix subtract(Matrix m1, Matrix m2)  // 矩阵的减法
{
    if (! Matrix.isSameDimension(m1, m2)) throw new Exception("矩阵行列值不等,不能相减");
    Matrix result = new Matrix(m1.Rows, m2.Cols);
    for (int i = 0, row = m1.Rows; i < row; i++)
    {
        for (int j = 0, col = m1.Cols; j < col; j++)
        {
            result[i, j] = m1[i, j] - m2[i, j];
        }
    }
    return result;
}
public static Matrix Mutiply(Matrix m1, Matrix m2) //矩阵的乘法
{
    int L_c = m1.Cols; int L_r = m1.Rows;
    int R_c = m2.Cols; int R_r = m2.Rows;
    if (L_c != R_r) throw new Exception("矩阵不可相乘,请检查矩阵的行列值");
    double[,] c = new double[L_r, R_c];//相乘后的矩阵
    for (int i = 0; i < L_r; i++)
```

```csharp
    {for (int j = 0; j < R_c; j++)
       {  c[i, j] = 0;
          for (int k = 0; k < L_c; k++)
          { c[i, j] += m1.getDataArray()[i, k] * m2.getDataArray()[k, j];}
       }
    }
    return new Matrix(c);
}
public static Matrix MutiplyWithNumber(double num, Matrix m) //矩阵的数乘
{
    double[,] result = new double[m.row, m.col];
    for (int i = 0; i < m.row; i++)
    {
       for (int j = 0; j < m.col; j++)
       {
          result[i, j] = num * m.getNum(i, j);
       }
    }
    return new Matrix(result);
}
public static Matrix T(Matrix m) // 矩阵的转置
{
    double[,] result = new double[m.col, m.row];
    for (int i = 0; i < m.row; i++)
    {
       for (int j = 0; j < m.col; j++)
       {
          result[j, i] = m.getNum(i, j);
       }
    }
    return new Matrix(result);
}
public static Matrix inv(Matrix M) // 矩阵的求逆
{
    int i, j, k, n;
    double[,] m = M.getDataArray();
    int c = M.Cols; int r = M.Rows;
    if (c != r) throw new Exception("矩阵的行列值不相等,不能求逆");
    double[,] a = new double[c, r];
    for (i = 0; i < a.GetLength(0); i++)
    {for (j = 0; j < r; j++)
```

```
            { a[i, j] = m[i, j]; }
    }
    double[,] b = new double[c, r];
    for (i = 0; i < c; i++)
    {for (j = 0; j < r; j++)
        { if (i == j) { b[i, j] = 1; }
          else { b[i, j] = 0; }
        }
    }
    for (j = 0; j < c; j++)
    {   bool flag = false;
        for (i = j; i < c; i++)
        {   if (a[i, j] != 0)
            {   flag = true;
                double temp;
                //交换 i,j,两行
                if (i != j)
                {   for (k = 0; k < c; k++)
                    {   temp = a[j, k];
                        a[j, k] = a[i, k];
                        a[i, k] = temp;
                        temp = b[j, k];
                        b[j, k] = b[i, k];
                        b[i, k] = temp;
                    }
                }
                //第 j 行标准化
                double d = a[j, j];
                for (k = 0; k < c; k++)
                    { a[j, k] = a[j, k] / d;
                      b[j, k] = b[j, k] / d;}
                //消去其他行的第 j 列
                d = a[j, j];
                for ( k = 0; k < c; k++)
                    {if (k != j)
                     {double t = a[k, j];
                      for ( n = 0; n < c; n++)
                        { a[k, n] -= (t / d) * a[j, n];
                          b[k, n] -= (t / d) * b[j, n]; }
                     } } }
            }
```

```csharp
                    if (! flag) throw new Exception("矩阵不可逆");
        }
        return new Matrix(b);
    }
    public static Matrix operator +(Matrix m1)  // 重载一元运算符+(此运算可实现矩阵的拷贝)
    {
        return new Matrix(m1.getDataArray());
    }
    public static Matrix operator -(Matrix m1)  //重载一元运算符 -(矩阵各元素取相反数)
    {
        return Matrix.subtract(new Matrix(m1.Row, m1.Col), m1);
    }
    public static Matrix operator +(Matrix m1, Matrix m2)  //重载二元运算符+矩阵的加法)
    {
        return Matrix.add(m1, m2);
    }
    public static Matrix operator -(Matrix m1, Matrix m2)  //重载二元运算符-(m1-m2)
    {
        return Matrix.subtract(m1, m2);
    }
    //重载二元运算符 * (矩阵的乘法)
    public static Matrix operator *(Matrix m1, Matrix m2)
    {
        return Matrix.Mutiply(m1, m2);
    }
    //重载二元运算符 * (矩阵的数乘)(数在前,矩阵在后)
    public static Matrix operator *(double num, Matrix m)
    {
        return Matrix.MutiplyWithNumber(num, m);
    }
    //重载二元运算符 * (矩阵的数乘)(矩阵在前,数在后)
    public static Matrix operator *(Matrix m, double num)
    {
        return Matrix.MutiplyWithNumber(num, m);
    }
}
```

2.6.3 矩阵类应用

1. 矩阵类使用说明

1) 实例化矩阵类

* 构造函数为空:

Matrix M = new Matrix();   //声明并定义了一个空矩阵

*构造函数参数为一个整型变量/常量：

int row = 8; Matrix M = new Matrix(row);//声明并定义了一个 8 行 8 列的全零矩阵

*构造函数参数为两个整型变量/常量：

Matrix M = new Matrix(3, 7);//声明并定义了一个 3 行 7 列的全零矩阵

*构造函数参数为一个一维数组：

int[] diag = new int[4]{1, 6, 12, 0};
Matrix M = new Matrix(diag);//声明并定义了一个主对角线为一维数组、其他元素为零的矩阵

*构造函数参数为一个二维数组：

double[,] arr = new double[2, 3] { { 1, 2, 3 }, { 4, 5, 6 } };
Matrix M = new Matrix(arr);//声明并定义了一个元素与参数二维数组一一对应相等的矩阵

2）获取 \ 设置矩阵属性

Matrix M = new Matrix(8);

*获取矩阵的行数：

int row = M.Rows

*获取矩阵的列数：

int col = M.Cols

*获取矩阵的存储数据的二维数组：

double[,] data = M.getDataArray()

*获取矩阵 i 行 j 列的数值：

double num = M.getNumber(i, j)

*设置矩阵 i 行 j 列的数值为 num：

M.setNumber(i, j, num)

3）获取特殊矩阵

*获取一个 row 行 row 列的单位矩阵：

Matrix E = Matrix.getEinheitsMatrix(row);//静态方法,直接通过类调用

4）矩阵的运算

*相加：

方法一：

Matrix M3 = M1 + M2; //直接使用运算符

方法二：

Matrix M3 = Matrix.add(M1,M2); //静态方法,直接通过类调用

* 相减：
方法一：

Matrix M3 = M1 − M2; //直接使用运算符

方法二：

Matrix M3 = Matrix.subtract(M1,M2); //静态方法,直接通过类调用

* 相乘：
方法一：

Matrix M3 = M1 * M2; //直接使用运算符

方法二：

Matrix M3 = Matrix.Mutiply(M1,M2); //静态方法,直接通过类调用

* 数乘：
方法一：

Matrix M3 = M1 * 4.3; //直接使用运算符

方法二：

Matrix M3 = Matrix.MutiplyWithNumber(8,M2); //静态方法,直接通过类调用

* 转置：

Matrix M2 = Matrix.T(M1); //静态方法,直接通过类调用

* 求逆：

Matrix M2 = Matrix.inv(M1); //静态方法,直接通过类调用

2. 矩阵类应用测试

已知矩阵 $\boldsymbol{B}$、矩阵 $\boldsymbol{l}$ 和矩阵 $\boldsymbol{P}_1$，应用矩阵类按照间接平差的方法求未知数的改正数 x 及观测值的改正数 v。又已知矩阵 $\boldsymbol{A}$、矩阵 $\boldsymbol{W}$ 和矩阵 $\boldsymbol{P}_2$，应用矩阵类按照条件平差的方法求解观测值改正数 v。

$$\boldsymbol{B} = \begin{bmatrix} 1 & 0 & 1 & 0 & -1 & -1 \\ 0 & 1 & 0 & 1 & 1 & 0 \end{bmatrix}^\mathrm{T}$$

$$\boldsymbol{P}_1 = \mathrm{diag}\{9.1 \quad 5.9 \quad 4.3 \quad 3.7 \quad 4.2 \quad 2.5\}$$

$$\boldsymbol{l} = \begin{bmatrix} 0 & 0 & -4 & -3 & -7 & -2 \end{bmatrix}^\mathrm{T}$$

$$A = \begin{bmatrix} 1 & -1 & 0 & 0 & 1 & 0 & 0 \\ 0 & 0 & 1 & -1 & 1 & 0 & 0 \\ 0 & 0 & 1 & 0 & 0 & 1 & 1 \\ 0 & 1 & 0 & -1 & 0 & 0 & 0 \end{bmatrix}$$

$$P_2 = \text{diag}\{1.1 \quad 1.7 \quad 2.3 \quad 2.7 \quad 2.4 \quad 1.4 \quad 2.6\}$$

$$W = \begin{bmatrix} 7 & 8 & 6 & -3 \end{bmatrix}^T$$

按照以下步骤完成矩阵类的定义,并对矩阵类的各个方法进行系列测试。

(1) 继续 2.5 节的代码编写,在 Main 窗体中添加 RadioButton 控件,并将其 Name 属性设置为 rbMatrixApp,Text 属性设置为"矩阵类应用程序(2-8)"。

(2) 选择 CH02 项目,使用右键菜单添加类,随后将文件名修改为 Matrix.cs,在该文件中添加代码片段 2-27。

(3) 选择 CH02 项目,使用右键菜单新建文件夹,并将文件夹名称修改为 2-8。

(4) 选中该文件夹,使用右键菜单添加 Windows 窗体,并将窗体的 Name 属性修改为 Frm_Matrix,Text 属性修改为矩阵类测试应用。

(5) 在 Frm_Matrix 窗体分别添加 11 个 Label 控件、9 个 RichTextBox 控件、3 个 Botton 控件、2 个 TabControl 控件、2 个 TabPage 控件及 2 个 GroupBox 控件,控件属性设置如表 2-9 和表 2-10 所示。窗体界面设计结果如图 2-11 和图 2-12 所示。表 2-9 为图 2-11 窗体界面控件及部分属性设置结果,表 2-10 为图 2-12 窗体界面控件及部分属性设置结果。

表 2-9 控件类型及部分属性设置(间接平差)

控件类型	序号	Name 属性	控件类型	序号	Name 属性
Label	①	lb_IndInfos	RichTextBox	a	rtB_IndB
	②	lb_IndB		b	rtB_Indl
	③	lb_Indl		c	rtB_IndP
	④	lb_IndP		d	rtB_Indx
	⑤	lb_Indx		e	rtB_Indv
	⑥	lb_Indv	TabControl	(1)	tabControl1
Button	⑦	btSolveEq	Button	⑧	btCalcuV

表 2-10 控件类型及部分属性设置(条件平差)

控件类型	序号	Name 属性	控件类型	序号	Name 属性
Label	①	lb_AdjInfos	RichTextBox	a	rtB_AdjA
	②	lb_AdjA		b	rtB_AdjW
	③	lb_AdjW		c	rtB_AdjP
	④	lb_AdjP		d	rtB_Adjv
	⑤	lb_Adjv	TabControl	(1)	tabControl1
Button	⑥	btSolveEq	GroupBox	(2)	gBox2

（6）在 Frm_Matrix 类中添加 11 个 Matrix 类型的字段。其中，A、W、P1、L1 及 v1 是用来存储管理条件平差的相关数据矩阵。B、l、P2、L2、x 及 v2 是用来存储管理间接平差的相关数据矩阵。这 11 个字段的定义，如代码片段 2-28 所示。

代码片段 2-28：

```
public partial class Frm_Matrix : Form
{
    Matrix B = new Matrix(); Matrix l = new Matrix(); Matrix P1 = new Matrix();
    Matrix L1 = new Matrix(); Matrix x = new Matrix(); Matrix v1 = new Matrix();
    Matrix A = new Matrix(); Matrix W = new Matrix(); Matrix P2 = new Matrix();
    Matrix v2 = new Matrix(); Matrix L2 = new Matrix();
    ……
}
```

（7）双击解算法方程按钮，进入 btSolveEq_Click() 按钮事件；这个事件的主要功能是从三个文本读取矩阵数据分别到 B、l1 及 P1 矩阵中，并执行间接平差误差方程解算，最后将结果写入 x 矩阵中。这个按钮事件的详细代码如代码片段 2-29 所示。

代码片段 2-29：

```
private void btSolveEq_Click(object sender, EventArgs e)
{
    B = Tool.ReadTCreadM(rtB_B);
    P1 = Tool.ReadTCreadM(rtB_P1);
    l1 = Tool.ReadTCreadM(rtB_l1);
    x = Matrix.inv((Matrix.T(B) * P1 * B)) * Matrix.T(B) * P1 * l;//间接平差解算法方程
    string temp = null;
    for (int i = 0; i < x.Rows; i++)
        {temp += x[i, 0].ToString("f3") + "  ";}
    rtB_x.Text = temp;
}
```

在这个事件中，为了提高代码的编写效率，对于从 RichTextBox 控件中读取矩阵数值，我们定义了一个静态方法，该方法的形参为 RichTextBox 控件，返回值为矩阵类型。详细代码如代码片段 2-30 所示。

代码片段 2-30：

```
public static Matrix ReadTCreadM(RichTextBox RTB)
{
    List<List<double>> ML = new List<List<double>>();
    RTB.Text = Regex.Replace(RTB.Text, @"(?s)\n\s*\n", "\n");
    int rows = RTB.Lines.Count();
        string[] rowAstring = RTB.Lines;
        for (int i = 0; i < rows; i++)
        {
```

```
                List<string> TempString = rowAstring[i].Split(new char[] { ',', ' ', ',', ';', ';' },
                                 StringSplitOptions.RemoveEmptyEntries).ToList<string>();
                List<double> RowM = new List<double>();
                foreach (var item in TempString)
                {
                    RowM.Add(double.Parse(item));
                }
                if (RowM.Count > 0) ML.Add(RowM);
            }
            Matrix Result = new Matrix(ML);
            return Result;
        }
```

（8）双击"计算改正数"按钮，进入 btCalcuV_Click 按钮事件。这个事件的主要功能是利用公式 $V=B\hat{x}-l$，求解观测值改正数。观测值改正数输出到文本框中，这个按钮事件的详细代码如代码片段 2-31 所示。

代码片段 2-31：

```
private void btCalcuV_Click(object sender, EventArgs e)
{
    v1 = B * x - l1;
    string temp = null;
    for (int i = 0; i < v1.Rows; i++)
    {
        temp += v1[i, 0].ToString("f3") + "  ";
    }
    rtB_v1.Text = temp;
}
```

（9）单击"条件平差测试"页面，进入此页面后双击"计算改正数"按钮，进入 calculateV2_Click() 按钮事件。这个事件的主要功能是利用公式 $K=-N_{AA}^{-1}W$ 和公式 $v=QA^{T}K$，求解观测值改正数 v。计算结果赋给 v2 矩阵变量，并输出到文本框。这个按钮事件的详细代码如代码片段 2-32 所示。

代码片段 2-32：

```
private void calculateV2_Click(object sender, EventArgs e)
{
    //条件平差矩阵
    A = Tool.ReadTCreadM(rtB_A); W = Tool.ReadTCreadM(rtB_W);
    P2 = Tool.ReadTCreadM(rtB_P2);
    Matrix Naa = A * Matrix.T(P2) * Matrix.T(A);
    Matrix k = -Matrix.inv(Naa) * W;
    v2 = Matrix.inv(P2) * Matrix.T(A) * k;
```

```
            string temp = null;
            for (int i = 0; i < v1.Rows; i++)
            {
                temp += v1[i, 0].ToString("f3") + "   ";
            }
            rtB_V2.Text = temp;
        }
```

（10）打开 Main.cs 文件，在 private void ShowExperimentForm（string name）方法中添加载入 Frm_Matrix 窗体分支选择代码，如代码片段 2-33 所示。

代码片段 2-33：

```
private void ShowExperimentForm(string name)
{
    Form fm = null;
    switch (name)
    {
        ……
        case "rbMatrixApp":
            fm = new Frm_Matrix();
            break;
        ……
    }
}
```

（11）运行程序，进入矩阵类测试应用程序，程序的界面如图 2-11 和图 2-12 所示。在间接平差矩阵类应用测试中，系数矩阵 **B**、常数项 **l** 和观测值权阵 **P** 分别显示预先设置的初始值，这些值同样可以修改。单击"解算法方程"按钮显示未知数的改正值，单击"计算改正数"按钮，将得到观测值的改正数。在条件平差矩阵类应用测试中，系数矩阵 **A**、观测值权阵 **P** 以及常数项 **W** 也均有初始值，这些值也可以修改，单击"计算改正数"按钮，将显示观测值的改正数。

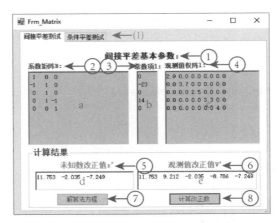

图 2-11　矩阵类间接平差应用测试

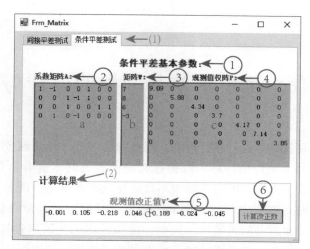

图 2-12 矩阵类条件平差应用测试

◎习题

1. 在 2.4 节给出了测量点读取类的定义与应用方法，请编写程序设计测量点读取类及工具类，实现表 2-11 内点数据的读取，并能够对其进行求距离、方位角等基本运算。

表 2-11 点数据

点名	X 坐标（m）	Y 坐标（m）	Z 坐标（m）
P1	100.00	354.00	23.32
P2	203.32	231.23	12.23
P3	162.03	942.45	22.18

2. 参照测量点读写类的定义与实现方法，定义一个矩阵数据读写类，实现矩阵数据的读写操作，并尝试着优化 2.6.3 节的程序。

第 3 章 测量平差基础类的设计与实现

在测量工作中，测量的对象一般是角度、距离和高差等。任何测量对象，客观上总是存在一个能反映其真正大小的数值，称为真值，而用仪器观测测量对象获得的数值称为观测值。通常观测值不会等于真值，因为观测中不可避免地存在误差。例如，对某测量对象重复观测两次以上，会发现观测值之间存在差异。测量误差的存在，使测量数据之间产生了矛盾，这种矛盾将使得诸如隧道的贯通产生偏差、两条道路无法根据设计值准确衔接等问题，这在工程当中是绝不容许的。经典平差理论是以包含偶然误差的观测数据或待求参数为研究对象，利用所含误差的自身规律，采用一定的数学手段消除或减弱其影响，从而得到研究对象的最优估值。测量平差的目标是将误差按照比例分配到观测值中或消除测量误差，因此，测量平差被简称为平差。

例如，要确定△ABC的形状，通常情况下只要观测两个角度α、β即可，但是这两个角度是否正确、精确程度如何，没办法判断。如果再测量第三个角度γ，由于$(\alpha+\beta+\gamma)_{理论}=180°$，而$(\alpha+\beta+\gamma)_{实际}\neq 180°$，此时可以根据式（3-1）来判断我们测量误差的大小。

$$\sigma = (\alpha+\beta+\gamma)_{实际} - (\alpha+\beta+\gamma)_{理论} \tag{3-1}$$

以上问题必要观测数为 2，多余观测数为 1。多余观测值的存在虽然解决了判断测量误差大小的问题，但同时也带来了一个矛盾，即在 3 个角度中任意取两个角度都可以确定一个三角形，而这每个三角形并不相同。类似以上的问题在测绘工程中有很多，这就需要我们熟练掌握测量数据处理的一套理论与方法，即平差理论。

本章的目的是通过回顾测量平差知识来找出它和程序设计的结合点，从而为后面利用测量平差知识基于开发程序解决实际问题打好基础，因此，本章的绝大多数公式不加推理直接给出，感兴趣的读者可以查阅相关文献。

3.1 误差的基本知识

测量误差分为偶然误差、系统误差与粗差。偶然误差通常指在相同的观测条件下进行一系列观测，单个误差的大小没有规律性，但就大量误差的总体而言，它的大小具有一定的统计规律。系统误差是指在相同的观测条件下作一系列的观测，其在观测过程中按一定的规律变化，或者为某一常数，此外其在大小上表现出系统性的误差。粗差，即较大误差，是指比在正常观测条件下可能出现的最大误差还要大的误差，粗差通常是由于操作者本身失误，或者由于某些外部数据而对结果造成的显著干扰，其通常比系统误差与偶然误差大很多。

系统误差对于观测结果的影响一般具有累积的作用，它对成果质量的影响也特别显著，如水准测量中 i 角误差、水准尺零点偏差等。系统误差通常在平差处理前采用一定的措施消除或削弱，如通过模型改正、采用专门的观测程序进行观测、在函数模型中增加相关参数等。粗差会严重地影响观测结果的精度，例如，目前粗差经常混入遥感（RS）、地理信息系统（GIS）、全球定位系统（GPS）以及其他高精度的自动化数据采集中，粗差的识别与改正并不是用简单方法可以达到的，需要通过假设检验、稳健估计与拟准检定等方法进行识别和消除其影响。总之，在进行经典平差时，系统误差与粗差的影响是忽略不计的，而本教材假定观测值只存在偶然误差。

比如两固定点 A、B 之间的距离，真值只有一个，利用钢尺去测量，可以得到一个观测值，这个观测量包含真值、系统误差、偶然误差与粗差。因此，其在多大程度上可以反映真值大小，难以知晓。

为了得到真值的最优值并判断其精度，需要进行 n 次同精度观测，这 n 个观测值两两之间往往并不相同。设 A、B 之间距离的值为 $\widetilde{L}$，n 次观测值为 $\underset{n,1}{L}$，且观测值通过改正，其系统误差与粗差将被忽略。

$$\underset{n,1}{L} = \begin{bmatrix} L_1 & L_2 & L_3 & L_4 \end{bmatrix}^{\mathrm{T}} \tag{3-2}$$

则观测值真误差为

$$\underset{n,1}{\Delta} = \widetilde{L} - \underset{n,1}{L} \tag{3-3}$$

但是观测值精度通常利用中误差 m 来表示，即

$$m = \pm \sqrt{\frac{\Delta^{\mathrm{T}} \Delta}{n}} \tag{3-4}$$

由于 A、B 两点间的真实距离到底是多少无法知道，因此，无论是真误差还是中误差都没有办法计算。利用 n 次观测值估计 A、B 两点之间的距离，利用最小二乘法可得其最或然值。

$$\overline{X} = \frac{\sum\limits_{i=1}^{n} L_i}{n} \tag{3-5}$$

则各观测值的残差为

$$\underset{n,1}{V} = \overline{X} - \underset{n,1}{L} \tag{3-6}$$

通过残差值估计观测值中误差为

$$m' = \pm \sqrt{\frac{V^{\mathrm{T}} V}{n-1}} \tag{3-7}$$

可以证明，m' 是 m 的无偏估计量。实际上，在测量中观测值的中误差往往是通过残差来估计的，而不是真误差。

3.2 误差传播定律

3.1 节提出可以通过中误差来判断观测值精度的高低。然而，在实际工作中某些量并不是直接测定的，而是一些观测值的函数，可利用观测值通过一定的函数关系间接计算出来。因此，除了观测值精度外，还要关注其他研究对象的精度，如平均值的中误差大小。本节将回顾误差传播定律，这个定律的存在，使得我们可以通过观测值的精度获取与其存在关系的

其他研究对象的精度。

3.2.1 协方差

设有观测值 X，Y，其协方差为

$$\sigma_{XY} = E[(X-E(X))(Y-E(Y))] \tag{3-8}$$

$\sigma_{XY} = \sigma_{YX} = 0$，表示 X、Y 间互不相关。对于正态分布而言，σ_{XY} 表示 X、Y 间相互独立。对于向量 $\boldsymbol{X} = [X_1, X_2, \cdots, X_n]^T$，将其元素间的方差-协方差矩阵表示为

$$\boldsymbol{D}_{XX} = \begin{bmatrix} \sigma_1^2 & \sigma_{12} & \cdots & \sigma_{1n} \\ \sigma_{21} & \sigma_2^2 & \cdots & \sigma_{2n} \\ \vdots & \vdots & & \vdots \\ \sigma_{n1} & \sigma_{n2} & \cdots & \sigma_n^2 \end{bmatrix} \tag{3-9}$$

方差-协方差矩阵具有如下特点：
（1）对称。
（2）正定。
（3）各观测量互不相关时，为对角矩阵。
（4）对角元素相等时，为等精度观测。

3.2.2 观测值线性函数的方差矩阵

设有向量 $\boldsymbol{X} = [X_1, X_2, \cdots, X_n]^T$，其方差阵为 $\boldsymbol{D}_{XX}$，有变量 $\boldsymbol{Z}$，且 $\boldsymbol{Z} = \boldsymbol{KX} + \boldsymbol{K}_0$，则有

$$\boldsymbol{D}_{ZZ} = \boldsymbol{K}\boldsymbol{D}_{XX}\boldsymbol{K}^T \tag{3-10}$$

证明如下：若令

$$E(\boldsymbol{X}) = [\mu_1, \mu_2, \cdots, \mu_n] = \boldsymbol{\mu}_X \tag{3-11}$$

可得向量 $\boldsymbol{X}$ 的方差-协方差矩阵为

$$\boldsymbol{D}_{XX} = E[(\boldsymbol{X}-\boldsymbol{\mu}_X)(\boldsymbol{X}-\boldsymbol{\mu}_X)^T] \tag{3-12}$$

那么，

$$\boldsymbol{D}_{ZZ} = E[(\boldsymbol{Z}-\boldsymbol{\mu}_Z)(\boldsymbol{Z}-\boldsymbol{\mu}_Z)^T] \tag{3-13}$$

可得到变量 Z 的方差-协方差矩阵：

$$\begin{aligned} \boldsymbol{D}_{ZZ} &= E[(\boldsymbol{Z}-\boldsymbol{\mu}_Z)(\boldsymbol{Z}-\boldsymbol{\mu}_Z)^T] = E[(\boldsymbol{KX}-\boldsymbol{K}\boldsymbol{\mu}_X)(\boldsymbol{KX}-\boldsymbol{K}\boldsymbol{\mu}_X)^T] \\ &= E[(\boldsymbol{K}(\boldsymbol{X}-\boldsymbol{\mu}_X)(\boldsymbol{X}-\boldsymbol{\mu}_X)^T \boldsymbol{K}^T] = \boldsymbol{K}E[(\boldsymbol{X}-\boldsymbol{\mu}_X)(\boldsymbol{X}-\boldsymbol{\mu}_X)^T] \boldsymbol{K}^T \\ &= \boldsymbol{K}\boldsymbol{D}_{XX}\boldsymbol{K}^T \end{aligned} \tag{3-14}$$

3.2.3 多个观测值线性函数的方差-协方差矩阵

设有向量 $\boldsymbol{X} = [X_1, X_2, \cdots, X_n]^T$，其方差阵为 $\boldsymbol{D}_{XX}$。又

$$Z_1 = k_{11}X_1 + k_{12}X_2 + \cdots + k_{1n}X_n + k_{10}$$
$$Z_2 = k_{21}X_1 + k_{22}X_2 + \cdots + k_{2n}X_n + k_{20}$$
$$\vdots$$
$$Z_t = k_{t1}X_1 + k_{t2}X_2 + \cdots + k_{tn}X_n + k_{t0} \tag{3-15}$$

即
$$\mathbf{Z}_{t,1} = \mathbf{K}_{t,nn} \mathbf{X}_{n,1} + \mathbf{K}_{0_{t,1}} \tag{3-16}$$

则
$$\mathbf{D}_{ZZ} = \mathbf{K}\mathbf{D}_{XX}\mathbf{K}^{\mathrm{T}} \tag{3-17}$$

又
$$\mathbf{Y}_{t,1} = \mathbf{F}_{r,nn} \mathbf{X}_{n,1} + \mathbf{F}_{0_{r,1}} \tag{3-18}$$

则可得 $\mathbf{Z}$ 与 $\mathbf{Y}$ 之间的方差-斜方差矩阵：
$$\mathbf{D}_{ZY} = \mathbf{K}\mathbf{D}_{XX}\mathbf{F}^{\mathrm{T}} \tag{3-19}$$

3.2.4 非线性函数的情况

一些变量与观测值之间存在复杂的函数关系时，需要将非线性的表达式线性化，然后再通过误差传播律计算待求量的方差-协方差矩阵。设有观测值 $\mathbf{X}$ 的非线性函数：
$$\mathbf{Z} = f(\mathbf{X}) = f(X_1, X_2, \cdots, X_n) \tag{3-20}$$

已知
$$\mathbf{X}_{n,1} = [X_1, X_2, \cdots, X_n]^{\mathrm{T}} \tag{3-21}$$

现欲求 $\mathbf{Z}$ 变量的方差。令
$$\mathbf{X}^0_{n,1} = [X_1^0, X_2^0, \cdots, X_n^0]^{\mathrm{T}} \tag{3-22}$$

将 $\mathbf{Z}$ 按泰勒级数在 $\mathbf{X}_0$ 处展开：
$$\begin{aligned}\mathbf{Z} = &f(X_1^0, X_2^0, \cdots, X_n^0) + \left(\frac{\partial f}{\partial X_1}\right)_0 (X_1 - X_1^0) \\ &+ \left(\frac{\partial f}{\partial X_2}\right)_0 (X_2 - X_2^0) + \cdots + \left(\frac{\partial f}{\partial X_n}\right)_0 (X_n - X_n^0) \\ &+ \text{二次以上的项}\end{aligned} \tag{3-23}$$

由于二次以上的项很微小，故可以省略，得
$$\begin{aligned}\mathbf{Z} = &f(X_1^0, X_2^0, \cdots, X_n^0) + \left(\frac{\partial f}{\partial X_1}\right)_0 X_1 + \left(\frac{\partial f}{\partial X_2}\right)_0 X_2 + \cdots \\ &+ \left(\frac{\partial f}{\partial X_n}\right)_0 X_n - \sum_{i=1}^{n} \left(\frac{\partial f}{\partial X_i}\right)_0 X_i^0\end{aligned} \tag{3-24}$$

由此可知
$$\mathbf{D}_{ZZ} = \mathbf{K}\mathbf{D}_{XX}\mathbf{K}^{\mathrm{T}} \tag{3-25}$$

由上可总结出协方差传播的计算步骤：
（1）根据实际情况确定观测值与函数，写出具体表达式。
（2）写出观测量的斜方差阵。
（3）对函数进行线性化。
（4）协方差传播。

误差传播定律在程序设计中经常用到，因此需要熟练掌握。如果将不熟悉的方法应用到程序设计中，将会产生不可预料的错误。

3.3 权与定权的常用方法

一定的观测条件对应着一定的误差分布，而一定的误差分布就对应着一个确定的方差（或中误差）。因此，方差是表征精度的一个绝对的数字指标。为了比较各观测值之间的精度，除了可以应用方差外，还可以通过方差之间的比例关系来衡量观测值之间精度的高低。这种表示各观测值方差之间比例关系的数字特征称为权。因此，权是表征精度的相对数字指标。

在测绘实际工作中，平差计算之前，精度的绝对数字指标（方差）往往是不知道的，而精度的相对数值（指权）却可以根据事先给定的条件予以确定，然后根据平差的结果估算出表征精度的绝对的数字指标（方差）。因此，权在平差计算中起着很重要的作用。

3.3.1 权的定义

在测量数据处理中，不同精度的观测值需要用权来反映其在最或然值估计中贡献的大小。设有 n 个观测值 L_i（$i=1, 2, \cdots, n$），它们的方差为 σ_i^2（$i=1, 2, \cdots, n$），选定任一常数 σ_0^2，令

$$p_i = \frac{\sigma_0^2}{\sigma_i^2} \tag{3-26}$$

则称 p_i 为观测值 L_i 的权。权与方差成反比。

$$p_1 : p_2 : \cdots : p_n = \frac{\sigma_0^2}{\sigma_1^2} : \frac{\sigma_0^2}{\sigma_2^2} : \cdots : \frac{\sigma_0^2}{\sigma_n^2} = \frac{1}{\sigma_1^2} : \frac{1}{\sigma_2^2} : \cdots : \frac{1}{\sigma_n^2} \tag{3-27}$$

权有如下特点：
（1）权的大小随 σ_0^2 而变化，但权比不会发生变化。
（2）选定 σ_0^2，即对应一组权。
（3）权是衡量精度的相对指标，为了使权起到比较精度的作用，一个问题只选一个 σ_0。
（4）只要事先给定一定的条件，就可以定权。

3.3.2 单位权中误差

从以上所述来看，σ_0^2 只起着一个比例常数的作用，但其值一经选定，就有着具体的含义。因此，当第 i 个观测值的权为 1 时，即 $\sigma_0^2 = \sigma_i^2$，则其他的观测值的权是以 σ_0^2 作为单位而确定得来的。在测绘中称 σ_0 为单位权中误差，权等于 1 的观测值称为单位权观测值。单位权中误差为：

$$\sigma_0 = \pm \sqrt{\frac{\mathbf{V}^\mathrm{T} \mathbf{P} \mathbf{V}}{r}} \tag{3-28}$$

其中，$\mathbf{V}$ 为观测值残差，$\mathbf{P}$ 为观测值权，r 为多余观测值个数。在确定一组同类元素的观测值的权时，所选取的单位权中误差的单位，一般与观测值中误差的单位相同。由于权是观测值中误差平方与单位权中误差平方之比，所以，权一般是一组无量纲的数值，也就是说，在这种情况下权是没有单位的。但如果需要确定权的观测值（或它们的函数）包含两种

以上不同类型的元素时,情况就不同了。定其权的观测值(或它们的函数)包含角度和长度,它们的中误差的单位分别为秒和毫米。若选取的单位权中误差的单位是秒,即与角度观测值的中误差单位相同,那么,各个角度观测值的权是无量纲(或无单位)的,而长度观测值的权的量纲则为秒/毫米。这种情况在平差计算中是会常常遇到的。

3.3.3 常用的定权方法

在实际测量工作中,往往要根据事先给定的条件,先确定出各观测值的权,也就是先确定它们精度的相对数字指标,然后通过平差计算,一方面求出各观测值的平差值,另一方面求出它们精度的绝对数字指标。

1. 水准测量定权

在水准网中,可依据测段的距离或者测站数进行定权:

$$p_i = \frac{c}{s_i} \text{ 或者 } p_i = \frac{c}{N_i} \tag{3-29}$$

其中,s_i 为测段距离,N_i 为测站数,c 为任意常数。

2. 边角定权

在导线网平差问题中,有两类观测值,即角度观测值和距离观测值,设角度的观测精度为 σ_β^2,距离观测值根据仪器标称精度进行估算。设测距比例误差系数为 b,固定误差系数为 a,则

$$P_\beta = 1, \quad P_{s_i} = \frac{\sigma_\beta^2}{\sigma_{S_i}^2} \tag{3-30}$$

其中,$\sigma_{S_i}^2 = a^2 + (b \times 10^{-6} \times S_i)^2$。

3.4 条件平差类定义与应用

3.4.1 条件平差原理

在测量平差中,平差模型可以分为条件平差模型和间接平差模型。以条件方程为函数模型的平差方法,称为条件平差方法。

$$\underset{r,1}{F} = F(\underset{n,1}{\hat{L}}) \tag{3-31}$$

上式即为条件平差的函数模型。设有 r 个平差值线性条件方程:

$$\begin{cases} a_1\hat{L}_1 + a_2\hat{L}_2 + \cdots + a_n\hat{L}_n + a_0 = 0 \\ b_1\hat{L}_1 + b_2\hat{L}_2 + \cdots + b_n\hat{L}_n + b_0 = 0 \\ \quad\quad\quad\quad\quad\quad \vdots \\ r_1\hat{L}_1 + r_2\hat{L}_2 + \cdots + r_n\hat{L}_n + r_0 = 0 \end{cases} \tag{3-32}$$

上式中,a_i,b_i,$\cdots$,r_i 为条件方程系数,a_0,b_0,$\cdots$,r_0 为条件方程常数项,系数

和常数项随不同的平差问题取不同的值,它们与观测值无关。将 $\hat{L}=L+V$ 代入上式,可得

$$\begin{cases} a_1v_1+a_2v_2+\cdots+a_nv_n+w_a=0 \\ b_1v_1+b_2v_2+\cdots+b_nv_n+w_b=0 \\ \quad\vdots \\ r_1v_1+r_2v_2+\cdots+r_nv_n+w_r=0 \end{cases} \tag{3-33}$$

式中,w_a,w_b,$\cdots$,w_r 为条件方程的闭合差,或称不符值,即

$$\begin{cases} w_a=a_1L_1+a_2L_2+\cdots+a_nL_n+a_0 \\ w_b=b_1L_1+b_2L_2+\cdots+b_nL_n+b_0 \\ \quad\vdots \\ w_r=r_1L_1+r_2L_2+\cdots+r_nL_n+a_0 \end{cases} \tag{3-34}$$

令

$$\underset{r\times n}{\boldsymbol{A}}=\begin{bmatrix} a_1 & a_2 & \cdots & a_n \\ b_1 & b_2 & \cdots & b_n \\ \vdots & \vdots & & \vdots \\ r_1 & r_2 & \cdots & r_n \end{bmatrix},\ \underset{r\times 1}{\boldsymbol{W}}=\begin{bmatrix} w_a \\ w_b \\ \vdots \\ w_r \end{bmatrix},\ \underset{n\times 1}{\boldsymbol{V}}=\begin{bmatrix} v_1 \\ v_2 \\ \vdots \\ v_n \end{bmatrix} \tag{3-35}$$

则

$$\boldsymbol{AV}+\boldsymbol{W}=\boldsymbol{0},\ \boldsymbol{A}\hat{\boldsymbol{L}}+\boldsymbol{A}_0=\boldsymbol{0},\ \boldsymbol{W}=\boldsymbol{AL}+\boldsymbol{A}_0 \tag{3-36}$$

式中:

$$\underset{n\times 1}{\hat{\boldsymbol{L}}}=\begin{bmatrix} L_1 & L_2 & \cdots & L_n \end{bmatrix}^{\mathrm{T}},\ \boldsymbol{A}_0=\begin{bmatrix} a_0 & b_0 & \cdots & r_0 \end{bmatrix}^{\mathrm{T}} \tag{3-37}$$

由前面的推导可知,闭合差等于观测值减去其应有值。按求条件极值的拉格朗日乘数法,设其乘数为 $\underset{r\times 1}{\boldsymbol{K}}=\begin{bmatrix} k_a & k_b & \cdots & k_r \end{bmatrix}^{\mathrm{T}}$,称为联系数向量。组成函数

$$\boldsymbol{\Phi}=\boldsymbol{V}^{\mathrm{T}}\boldsymbol{PV}-2\boldsymbol{K}^{\mathrm{T}}(\boldsymbol{AV}+\boldsymbol{W}) \tag{3-38}$$

将 $\boldsymbol{\Phi}$ 对 $\boldsymbol{V}$ 求一阶导数,并令其为 $\boldsymbol{0}$,得

$$\frac{\mathrm{d}\boldsymbol{\Phi}}{\mathrm{d}\boldsymbol{V}}=2\boldsymbol{V}^{\mathrm{T}}\boldsymbol{P}-2\boldsymbol{K}^{\mathrm{T}}\boldsymbol{A}=\boldsymbol{0} \tag{3-39}$$

两边转置,得

$$\boldsymbol{PV}=\boldsymbol{A}^{\mathrm{T}}\boldsymbol{K} \tag{3-40}$$

再用 $\boldsymbol{P}^{-1}$ 左乘上式两端,得改正数 $\boldsymbol{V}$ 的计算公式为:

$$\boldsymbol{V}=\boldsymbol{P}^{-1}\boldsymbol{A}^{\mathrm{T}}\boldsymbol{K}=\boldsymbol{Q}\boldsymbol{A}^{\mathrm{T}}\boldsymbol{K} \tag{3-41}$$

上式称为误差方程。将 n 个误差方程和 r 个条件方程联立求解,就可以求得一组唯一的解:n 个改正数和 r 个联系数。为此,将式(3-1)和式(3-2)合称为条件平差的基础方程。显然,由基础方程解出的一组 $\boldsymbol{V}$,不仅能消除闭合差,也能满足 $\boldsymbol{V}^{\mathrm{T}}\boldsymbol{PV}=\min$ 的要求。

解算基础方程时,令

$$\underset{r\times r}{\boldsymbol{N}_{aa}}=\underset{r\times n}{\boldsymbol{A}}\underset{n\times n}{\boldsymbol{Q}}\underset{n\times r}{\boldsymbol{A}^{\mathrm{T}}}=\boldsymbol{AP}^{-1}\boldsymbol{A}^{\mathrm{T}} \tag{3-42}$$

则有

$$\boldsymbol{N}_{aa}\boldsymbol{K}+\boldsymbol{W}=\boldsymbol{0} \tag{3-43}$$

上式称为联系数法方程,它是条件平差的法方程,简称法方程。$\boldsymbol{N}_{aa}$ 是一个 r 阶满秩方

阵，且可逆，由此可得联系数 K 的唯一解：
$$K = -N_{aa}^{-1}W \tag{3-44}$$

从法方程解出联系数 K 后，将 K 值代入改正数方程式（3-41），求出改正数 V 值，再求平差值 $\hat{L} = L + V$，这样就完成了按条件平差求平差值的工作。

综上所述，条件平差的步骤为：
（1）列条件方程和平差值函数；
（2）定权并组成法方程；
（3）解算法方程；
（4）计算改正数；
（5）计算平差值；
（6）精度评定。

3.4.2 条件平差类定义

条件平差类主要是利用条件方程系数矩阵 A、常数项 W、观测值权，通过解算法方程，计算观测值改正数以及观测值平差值。此外，计算单位权方差以实现对观测值 L、观测值平差值等变量的精度评定。下面给出条件平差类的详细代码，并对关键语句进行注释，如代码片段 3-1 所示。

代码片段 3-1：

```csharp
public class ConditionalAdjustment
{//基本输入
    public Matrix A { get; set; }//误差方程系数矩阵
    public Matrix P { get; set; }//观测值权阵
    public Matrix W { get; set; }//误差方程常数项
    public Matrix L { get; set; }//观测值
    //平差结果存管(存储管理)变量
    public Matrix V { get; set; }//观测量的改正值
    public Matrix L_Adjust { get; set; };//观测量平差值
    //精度评价存管变量
    public double xigema0{ get; set; };//单位权中误差
    public Matrix DLL { get; set; }//观测量方差
    public Matrix DLL_Adjust { get; set; }//观测量平差值方差
    // 平差计算
    public void AdjustmentCalculation( )
    {
        Matrix Naa = A * P.Inverse( ) * A.Transpose( );
        Matrix K = - Matrix.inv(Naa) * W;
        V = Matrix.inv( P) * Matrix.T(A) * K;
        this.L_Adjust = this.L + V;
    }
```

```
// 精度评价
public void AccuracyAssessment()
{
    Matrix VTPV = Matrix.T(V) * P * V;
    double r = this.L.Rows - this.A.Rows;
    xigema0 = Math.Sqrt(VTPV[0, 0] / r);
    DLL = P.Inverse() * xigema0;
    Matrix Naa = A * Matrix.inv(P) * Matrix.T(A);
    DLL_Adjust = Matrix.inv(P) - Matrix.inv(P) * Matrix.T(A) * Matrix.inv(Naa) * A * Matrix.inv(P);
}
```

上面的条件平差类由 9 个属性和 2 个方法组成，使用默认的构造函数。这 9 个属性分别用来存储管理条件平差基本输入、平差结果和精度评价等信息。基本输入指的是条件误差方程系数矩阵 A、常数项 W、观测权阵 P 以及观测值向量 L。平差结果主要指的是观测值 L 改正数 V 和观测值平差结果 $\hat{L}$。精度评价指的是利用方差来表示观测值 L 和平差结果 $\hat{L}$ 的精度，它们的方差分别用 D_{LL} 和 $D_{\hat{LL}}$ 表示。

3.4.3 条件平差类应用

以水准网条件平差为例，读入条件平差误差方程系数矩阵、观测值权阵及观测值，利用条件平差类实现观测值 L 改正数 V 的计算，并对其精度进行评价。

水准网条件平差示例：在水准网中，A 点和 B 点是已知高程的水准点，并设这些点已知高程无误差。图 3-1 中 C、D 和 E 是待定点。A 点和 B 点高程、观测高差和相应的水准路线长度详见表 3-1。试按条件平差求：

（1）各待定点的平差高程；

（2）C 点至 D 点间高差平差值的中误差。

各条件方程系数矩阵 A、常数项 W、观测值权阵 P 以及观测值 L 的值，均以 .txt 文档表示，结果如图 3-2 所示。

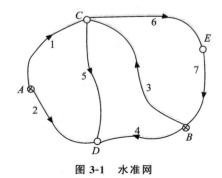

图 3-1　水准网

表 3-1 水准网观测记录表

路线号	观测高差（m）	路线长度（km）	已知高程（m）
1	+1.359	1.1	$H_A=5.016$
2	+2.009	1.7	$H_B=6.016$
3	+0.363	2.3	
4	+1.012	2.7	
5	+0.657	2.4	
6	+0.238	1.4	
7	-0.595	2.6	

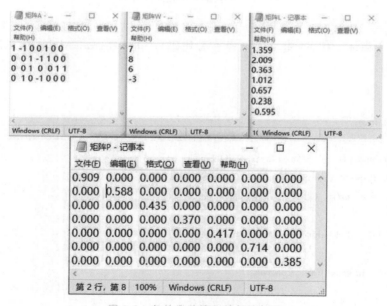

图 3-2 条件平差读入的矩阵信息

按照以下步骤完成条件平差类的定义，并对条件平差类的属性、方法等成员功能进行一系列测试。

(1) 单击菜单栏中的"文件"，新建项目；选择 Visual C♯ 窗体应用程序，给出项目名称、解决方案名称（均为 CH03），选择合适的磁盘位置存放项目。

(2) 默认添加的 Windows 窗体为主窗体，将其 Name 属性、Text 属性分别修改为 Frm_Main 及测量平差基础类教学实践应用程序。然后，在该窗体添加 1 个 GroupBox、2 个 RadioButton 及 1 个 Button 控件。这些控件的属性设置如表 3-2 所示，主窗体界面如图 3-3 所示。

表 3-2　控件属性设置

序号	控件类型	Name 属性	序号	控件类型	Name 属性
①	RadioButton	rbCondAdjust	③	GroupBox	gB
②	RadioButton	rbIndAdjust	④	Button	btOK

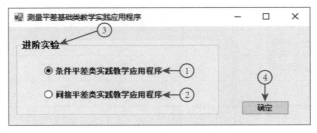

图 3-3　平差类测试程序主界面

（3）选中主窗体，按 F7 键（或选择查看代码），进入 Frm_Main.cs 文件，在该文件中添加以下代码：

代码片段 3-2：

```csharp
public Frm_main()
{
    InitializeComponent();//窗体初始化,原来的不动
    this.StartPosition = FormStartPosition.CenterScreen;
    btOK.Click += btOK_Click;//注册事件
}
private void btOK_Click(object sender, EventArgs e)
{
    foreach (var v in groupBox1.Controls)
    {
        RadioButton r = v as RadioButton;
        if (r.Checked == true) ShowExperimentForm(r.Name);
    }
}
private void ShowExperimentForm(string name)
{
    Form fm = null;
    switch (name)
    {
        case "rbCondAdjust":
            fm = new Frm_CondAdjust();
            break;
```

```
        default:
            break;
    }
    if (fm != null)
    {
        fm.StartPosition = FormStartPosition.CenterScreen;
        fm.ShowDialog();
    }
    else
    {
        MessageBox.Show("未找到对应示例","警告",MessageBoxButtons.OK,MessageBoxIcon.Error);
    }
}
```

（4）选中 CH03 项目，使用右键菜单添加 AdjustmentMode 文件夹；然后，选中该文件夹，使用右键菜单添加 ConditionalAdjustment.cs 类文件；最后，在该文件里输入代码片段 3-1 的内容。

（5）选中 CH03 项目，使用右键菜单添加 3_1 文件夹。然后，在文件夹内添加 Windows 窗体，窗体的 Name 属性改为 Frm_CondAdjust，Text 属性改为条件平差类功能测试应用程序。在该窗体内添加 MenuStrip、Label、TextBox、ListBox 以及 OpenFileDialog 等控件。控件属性设置如表 3-3 所示。条件平差类功能测试应用程序窗体设计结果如图 3-4 所示。

表 3-3 控件属性设置

控件类型	序号	Name 属性	控件类型	序号	Name 属性
Label	①	lb_v	TextBox	a	tbV
	②	lb_LAj		b	tb_σ
	③	lb_σ		c	tbLAj
	④	lb_DLL	ListBox	d	ltb_DLL
	⑤	lb_DLLAJ		e	ltb_DLLAj
			MenuStrip	(f)	menuSp

（6）窗体菜单事件的主要功能。该菜单主要提供了数据读入、信息显示、条件平差计算及参数精度评价等事件入口。数据读入可以模仿 2.4 节的代码编写，信息显示使用了新定义的窗体实现，条件平差计算及参数精度评价结果则是在 Frm_CondAdjust 窗体中显示。

（7）数据读入类的定义与实现。相比较 2.4 节的数据读入示例，该处的数据读入略显简单，可以根据代码片段 2-14 进行修改，修改结果如代码片段 3-3 所示。

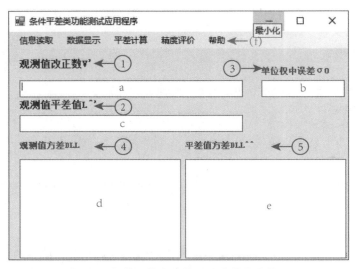

图 3-4　条件平差类功能测试应用程序界面

代码片段 3-3：

```csharp
public class DataRead
{
    public Matrix DR_Matrix(string Title)
    {
        try
        {
            OpenFileDialog oFDialog = new OpenFileDialog() { Title = Title };
            List<List<double>> M = new List<List<double>>();
            if (oFDialog.ShowDialog() == DialogResult.OK)
            {
                string FileName = oFDialog.FileName;
                FileStream fs = new FileStream(FileName, FileMode.Open);
                StreamReader MyReader = new StreamReader(fs, Encoding.UTF8);
                while (MyReader.EndOfStream != true)
                {
                    string Temp = MyReader.ReadLine();
                    List<string> TempString = Temp.Split(new char[3] { ',', ' ', '\t' },
                    StringSplitOptions.RemoveEmptyEntries).ToList<string>();
                    List<double> Row = new List<double>();
                    foreach (var item in TempString)
                    {
                        Row.Add(double.Parse(item));
                    }
```

```
            M. Add(Row);
        }
        MyReader.Close();
        fs.Close();
    }
    return new Matrix(M);
}
catch (Exception err)
{
MessageBox.Show(err.Message,"打开失败",MessageBoxButtons.OK,MessageBoxIcon.Information);
return null;
    }
  }
}
```

（8）数据读取系列事件代码编写。数据读取需要读入条件方程 A、条件方程 W、观测值权阵 P 及观测值 L。

①条件方程 A 读取事件代码，如代码片段 3-4 所示。

代码片段 3-4：

```
private void 条件方程 A_Click(object sender, EventArgs e)
{
    DataRead DR = new DataRead();
    ConA.A = DR.DR_Matrix("打开条件方程 A");
    MessageBox.Show("读取了" + ConA.A.Rows + "行矩阵","友情提醒", MessageBoxButtons.OK);
}
```

②条件方程 W 读取事件代码，如代码片段 3-5 所示。

代码片段 3-5：

```
private void 条件方程 W_Click(object sender, EventArgs e)
{
    DataRead DR = new DataRead();
    ConA.W= DR.DR_Matrix("打开条件方程矩阵 W");
    MessageBox.Show("读取了" + ConA.W.Rows + "行矩阵","友情提醒",
    MessageBoxButtons.OK);
}
```

阅读这两个事件的代码后，读者们不难发现它们具有高度的相似性，仅仅为了避免选错文件加了一些凸显差异的提示语言而已。读取观测值权阵 P、观测值 L 事件的代码仍然是相似的，不同的地方是矩阵读取结果要分别赋值给 ConA.P 和 ConA.L。这里需要说明的是，ConA 为条件平差类，它需要在 Frm_CondAdjust 类中具有生命值，因此将其定义为属于 Frm_CondAdjust 窗体类的字段。代码如代码片段 3-6 所示。

代码片段 3-6：

```csharp
public partial class Frm_CondAdjust : Form
{
    ConditionalAdjustment ConA = new ConditionalAdjustment();
    ……
}
```

（9）读入数据显示事件代码。读入数据的量不大，但个数比较多，都放在一个窗体中显示过于拥挤。为此，我们设计了一个窗体界面显示这些读入的数据。在 Frm_CondAdjust.cs 代码窗体中添加代码片段 3-7 所示的代码。

代码片段 3-7：

```csharp
private void 显示A_Click(object sender, EventArgs e)
{
    FrmMatrixShow fm = new FrmMatrixShow(ConA);
    fm.StartPosition = FormStartPosition.CenterScreen;
    fm.ShowDialog();
}
```

这段代码实现了 FrmMatrixShow 类的实例化，并将 Frm_CondAdjust 类中的 ConA 字段传递到了这个类中。

（10）在 FrmMatrixShow 类中改写构造函数，接收 Frm_CondAdjust 类中的 ConA 字段，并在构造函数中显示这个字段的信息。这个构造函数的代码如代码片段 3-8 所示。

代码片段 3-8：

```csharp
public FrmMatrixShow(ConditionalAdjustment ConA)
{
    InitializeComponent();
    for (int i = 0; i < ConA.A.Rows; i++)
    {
        string RowTemp = null;
        for (int j = 0; j < ConA.A.Cols; j++)
        {
            RowTemp += ConA.A.getNum(i, j).ToString("0") + " ";
        }
        stBox1.Items.Add(RowTemp);
    }
    for (int i = 0; i < ConA.W.Rows; i++)
    {
        string RowTemp = null;
        for (int j = 0; j < ConA.W.Cols; j++)
        {
```

```
        RowTemp += ConA. W. getNum(i, j). ToString("0") + " ";
      }
      listBox2. Items. Add(RowTemp); }
   for (int i = 0; i < ConA. P. Rows; i++)
   {
      string RowTemp = null;
      for (int j = 0; j < ConA. P. Cols; j++)
      {
         RowTemp += ConA. P. getNum(i, j). ToString("0. 0") + " ";
      }
      listBox3. Items. Add(RowTemp);
   }
   string RowL=null;;
   for (int i = 0; i < ConA. L. Rows; i++)
   {
      RowL += ConA. L. getNum(i, 0). ToString("f3")+" ";
   }
   tbL. Text = RowL;
}
```

信息显示窗体结果如图 3-5 所示，它主要由 4 个 Label、4 个 ListBox 及 1 个 Button 等控件组成，这些控件的属性设置如表 3-4 所示。

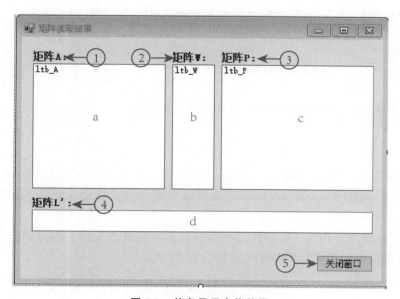

图 3-5　信息显示窗体结果

表 3-4 控件部分属性设置

控件类型	序号	Name 属性	控件类型	序号	Name 属性
Label	①	lb _ A	TextBox	a	ltb _ A
	②	lb _ W		b	ltb _ W
	③	lb _ P		c	ltb _ P
	④	lb _ L		d	ltb _ L
Button	⑤	Bt _ Close			

(11) 平差计算事件代码。平差计算事件由计算观测值改正数 V 和计算观测值平差值 L _ Ajust 两个事件组成。详细代码如代码片段 3-9 所示。

代码片段 3-9：

```csharp
private void 解改正数 V_Click(object sender, EventArgs e)
{
    ConA.AdjustmentCalculation();
    tbV.Text = "";
    for (int i = 0; i < ConA.V.Rows; i++)
    {
        tbV.Text += ConA.V.getNum(i, 0).ToString("0.0");
    }
}
private void 观测值平差 L_Click(object sender, EventArgs e)
{
    tbLAj.Text = "";
    for (int i = 0; i < ConA.L.Rows; i++)
    {
        tbLAj.Text += ConA.L.getNum(i, 0).ToString("0.0");
    }
}
```

实际上，解算观测值改正数 V 事件调用了条件平差类（ConditionalAdjustment）中的平差计算方法（AdjustmentCalculation），观测值平差事件仅是将观测值平差结果显示出来而已。

(12) 精度评价事件代码。精度评价事件由计算单位权中误差、观测值方差和观测值平差值方差等方法组成。事件代码如代码片段 3-10 所示。

代码片段 3-10：

```csharp
private void 单位权方差_Click(object sender, EventArgs e)
{
    ConA.AccuracyAssessment();
    tbσ.Text = ConA.xigema0.ToString("f3");
```

```
    }
    private void 观测值方差 DLL_Click(object sender, EventArgs e)
    {
        for (int i = 0; i < ConA. DLL. Rows; i++)
        {
            string rowt = null;
            for (int j = 0; j < ConA. DLL. Cols; j++)
            {
                rowt += ConA. DLL. getNum(i, j). ToString("f2") + " ";
            }
            lbDLL. Items. Add(rowt);
        }
    }
    private void 平差值方差 DLL_Click(object sender, EventArgs e)
    {
        for (int i = 0; i < ConA. DLL_Adjust. Rows; i++)
        {
            string rowt = null;
            for (int j = 0; j < ConA. DLL_Adjust. Cols; j++)
            {
                rowt += ConA. DLL_Adjust. getNum(i, j). ToString("f2") + " ";
            }
            lbDLLAju. Items. Add(rowt);
        }
    }
```

从以上代码也能看出，单位权中误差在计算时调用了 AccuracyAssessment() 方法，其他事件仅是显示精度评价结果而已。

(13) 运行程序，进入条件平差类测试应用程序。鼠标左键依次单击信息读取→数据显示→平差计算→精度评价等菜单按钮，分别完成条件平差条件方程系数矩阵读取、读取后的结果显示、平差计算结果及精度评价。这个程序的平差计算和精度评价的结果如图 3-6 所示。

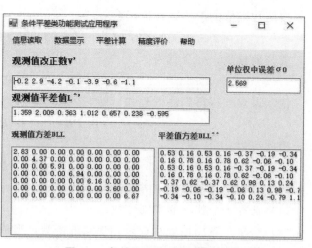

图 3-6　条件平差类功能测试结果

3.5 间接平差类的设计与实现

3.5.1 间接平差原理

从计算机程序设计的角度来讲，利用条件平差原理开发相关数据处理程序比较困难，而利用间接平差原理将简单得多。因此，在软件开发中，大多选择间接平差方法。

间接平差需要选择几何模型中 t 个独立变量为平差参数，每一个观测量表达成所选参数的函数，即列出 n 个函数关系式，以此为平差的函数模型，称为间接平差方法。如下式，x 为参数的改正数，L 为观测值矩阵。

$$\underset{n,1}{L} = F\left(\underset{t,1}{\tilde{X}}\right) \tag{3-45}$$

$$V = Bx - l \tag{3-46}$$

其中，$\tilde{X} = X^0 + x$，X^0 为参数的近似值，式（3-46）就是间接平差的函数模型。尽管间接平差法选了 t 个独立参数，但多余观测数不随平差模型不同而异，其自由度仍是 $r = n - t$。

间接平差随机模型：

$$E(V) = 0；\ D(V) = \sigma \tag{3-47}$$

设

$$\tilde{L} = L + \Delta = F(X^0) + Bx \tag{3-48}$$

$$l = L - F(X^0) \tag{3-49}$$

$$\boldsymbol{V}^{\mathrm{T}} \boldsymbol{P} \boldsymbol{V} = \min \tag{3-50}$$

$$\boldsymbol{V} = \boldsymbol{B} x - \boldsymbol{l} \tag{3-51}$$

按函数极值的求法，极值函数

$$\phi = \boldsymbol{V}^{\mathrm{T}} \boldsymbol{P} \boldsymbol{V} = (\boldsymbol{B} x - \boldsymbol{l})^{\mathrm{T}} \boldsymbol{P} (\boldsymbol{B} x - \boldsymbol{l}) = \min \tag{3-52}$$

求其偏导数，并令其为 0：

$$2\boldsymbol{V}^{\mathrm{T}} \boldsymbol{P} \boldsymbol{B} = \boldsymbol{0}；\ \boldsymbol{B}^{\mathrm{T}} \boldsymbol{P} \boldsymbol{V} = \boldsymbol{0} \tag{3-53}$$

代入误差方程得到法方程式，即

$$(\boldsymbol{B}^{\mathrm{T}} \boldsymbol{P} \boldsymbol{B}) x - \boldsymbol{B}^{\mathrm{T}} \boldsymbol{P} \boldsymbol{l} = \boldsymbol{0} \tag{3-54}$$

由此可得

$$x = (\boldsymbol{B}^{\mathrm{T}} \boldsymbol{P} \boldsymbol{B})^{-1} \boldsymbol{B}^{\mathrm{T}} \boldsymbol{P} \boldsymbol{l} \tag{3-55}$$

综上可得间接平差法平差步骤：

(1) 选择 t 个独立的未知参数；
(2) 将每个观测值表示成未知参数的函数，形成误差方程；
(3) 形成法方程；
(4) 求解法方程；
(5) 计算改正数；
(6) 精度评定。

3.5.2 间接平差类定义

间接平差类需要观测方程系数矩阵、观测方程常数项、观测值权阵、观测值及参数初始值等，通过解法方程，可计算未知参数改正数，并得出观测量和未知量的平差值；此外，还需要计算单位权方差，利用方差-协方差传播定律对求解的参数进行精度评定。对于计算过程中出现的部分中间变量，也需要将其作为属性来存储管理，对于具体问题中可能出现的测角等特殊数据在实际处理中还需要添加其他字段属性。

间接平差类与条件平差类相似，它是利用观测误差方程系数矩阵、常数项和观测值权阵，通过解算法方程，计算参数近似值的改正数、未知参数平差值、观测值改正数以及观测值平差值等。此外，计算单位权方差可实现对观测值、观测值平差值等多个参数的精度评定。下面给出了间接平差类定义的详细代码，并对关键语句进行注释，如代码片段 3-11 所示。

代码片段 3-11：

```
public class IndirectAdjustment
{
    //基本输入参数
    public Matrix B { get; set; }//误差方程系数矩阵
    public Matrix P { get; set; }//观测值权阵
    public Matrix l { get; set; }//误差方程常数项
    public Matrix L { get; set; }//观测量
    public Matrix X0 { get; set; }//未知量初始值
    //平差值
    public Matrix V { get; set; }//观测量的改正值
    public Matrix L_adjust { get; set; }//观测量平差值
    public Matrix x { get; set; }//未知量改正值
    public Matrix X_adjust { get; set; }//未知量平差值
    //精度评价
    public double xigema0;//单位权中误差
    public Matrix Q { get; set; }//观测值协因数阵
    public Matrix DLL { get; set; }//观测值方差矩阵
    public Matrix DXX_Ajust { get; set; }//平差参数的协方差阵
    public Matrix DVV { get; set; }//观测值改正数的协方差阵
    public Matrix DLL_Ajust { get; set; }//观测值平差值的协方差阵
    //平差计算方法
    public void AdjustmentCalculation()
    {
        Matrix Nbb = Matrix.T(B) * P * B;
        Matrix W = Matrix.T(B) * P * l;
        x = Matrix.inv(Nbb) * W;
```

```
        X_adjust = X0 + x;
        V = B * x - l;
        L_adjust = L + V;
    }
    public void PrecisionEvaluation()//精度评价方法
    {
        int r = l.Rows - x.Rows;//自由度
        V = B * x - l;
        Matrix xigema2 = Matrix.T(V) * P * V;
        xigema0 = Math.Sqrt(xigema2[0, 0] / r);//计算单位权方差
        Q = Matrix.inv(P);
        Matrix Nbb = Matrix.T(B) * P * B;
        DXX_Ajust = Matrix.inv(Nbb) * xigema0 * xigema0;
        DLL_Ajust = B * Matrix.inv(Nbb) * Matrix.T(B);
        DLL_Ajust = DLL_Ajust * xigema0 * xigema0;
        DVV = Q - B * Matrix.inv(Nbb) * Matrix.T(B);
        DVV = DVV * xigema0 * xigema0;
        DLL = Q * xigema0 * xigema0;
    }
}
```

这个类由 15 个属性和 2 个方法组成，使用默认的构造函数。这 15 个属性分别用来存储管理间接平差基本输入信息、参数平差值和精度评价结果等信息。基本输入属性指的是观测误差方程的系数矩阵、常数项、观测值权阵以及观测值向量。平差结果主要指的是参数的改正数、参数的平差值、观测值改正数以及观测值平差结果。精度评价指的是利用单位权方差乘以协因数阵，用方差来表示间接平差模型中的参数精度。

3.5.3 间接平差类应用

以水准网间接平差为例，读入间接平差观测误差方程系数矩阵、常数项、观测值权阵及观测值，利用间接平差类实现待定点高程、高差观测值的平差计算，并对其精度进行评价。

水准网间接平差示例：在水准网（见图 3-1）中，A 和 B 是已知高程的水准点，并设这些点的已知高程无误差。在图 3-1 中 C、D 和 E 是待定点。A 和 B 点高程、观测高差和相应的水准路线长度见表 3-1。试按间接平差求：

（1）各待定点的平差高程；

（2）C 至 D 点间高差平差值的中误差。

（3）C、D 点高程平差值中误差。各观测方程系数矩阵、常数项、观测值权阵、观测值以及未知参数初值，均以 .txt 文档表示，结果如图 3-7 所示。

按照以下步骤完成间接平差类的定义，以及对间接平差类的属性、方法等功能进行一系列测试。

（1）在 Frm_Main 窗体中添加 1 个 RadioButton 控件，把该控件的 Name 属性设置为 rbindAjust，Text 属性设置为间接平差类实践教学应用程序。

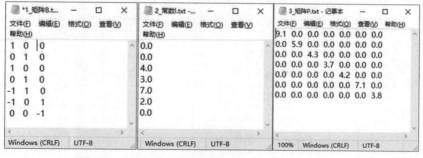

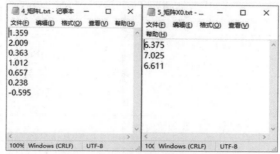

图 3-7 间接平差读入矩阵信息

（2）选中主窗体，按 F7（或选择查看代码），进入 Frm_Main.cs 文件，对原来的 private void ShowExperimentForm() 方法进行补充，补充的代码如代码片段 3-12 所示。

代码片段 3-12：

```
private void ShowExperimentForm(string name)
{
    Form fm = null;
    switch (name)
    {
        ……
        case "rbindAdjust":
        fm = new Frm_IndirectAdjus();
        break;
        ……
    }
}
```

（3）右键选中 Adjustmentmode 文件夹，右键添加 IndirectAdjustment.cs 类文件，在该文件里输入代码片段 3-11 的内容。

（4）选中 CH03 项目，右键添加 3_2 文件夹。然后，在文件夹内添加 Windows 窗体，窗体的 Name 属性修改为 Frm_IndirectAdjus，Text 属性改为间接平差类功能测试应用程序。在该窗体内添加 MenuStrip、Label、TextBox、ListBox 以及 OpenFileDialog 等控件，控件属性设置如表 3-5 所示。间接平差类功能测试应用程序窗体设计结果如图 3-8 所示。

表 3-5　控件类型及部分属性设置

序号	控件类型	Name 属性	Text 属性	序号	控件类型	Name 属性	Text 属性
①	Label	lb_errorB	观测方程 B	a	RichTextBox	rtB_B	
②	Label	lb_errorl	观测方程 l	b	RichTextBox	rtB_l	
③	Label	lb_errorP	观测权阵 P	c	RichTextBox	rtB_P	
④	Label	lb_X	指定未知数 X'	d	RichTextBox	rtB_x	
⑤	Label	lb_L	观测值 L'（单位：m）	e	RichTextBox	rtB_LL	
⑥	Label	lb_X0	未知数初值 X0'（单位：m）	f	RichTextBox	rtB_X0	
⑦	Label	lb_XX	未知数改正数 x（单位：mm）	g	RichTextBox	rtB_vx	
⑧	Label	lb_VV	观测值改正数 V（单位：mm）	i	RichTextBox	rtB_X_Ajust	
⑨	Label	lb_XAjust	未知数平差值 X_Ajust（单位：m）	j	RichTextBox	rtB_LV	
⑩	Label	lb_LAjust	观测值平差值 L_Ajust（单位：m）	k	RichTextBox	rtB_L_Ajust	
(1)	Label	lb_xigema0	单位权中误差（单位：mm）	m	RichTextBox	rtB_xigema0	
(2)	Label	lb_DLL	观测值方差 DLL	n	RichTextBox	rtB_DLL	
(3)	Label	lb_DXX	未知数方差 DXX	o	RichTextBox	rtB_DXX	
(4)	Label	lb_DLL_Ajust	观测值平差精度 DLL_Ajust	p	RichTextBox	rtB_DLL_Ajust	
(q)	MenuStrip	ms		(r)	GroupBox	groupB1	其它
(s)	GroupBox	groupB2	参数平差结果	(t)	GroupBox	groupB3	参数平差精度

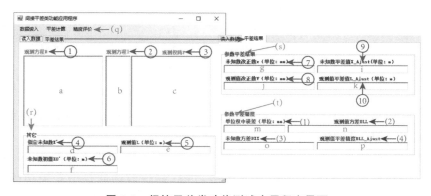

图 3-8　间接平差类功能测试应用程序界面

(5) 间接平差主要功能事件设计。在 Frm_IndirectAdjus 窗体中菜单提供了数据读入、间接平差计算及参数精度评价等事件的入口。数据读入可以利用 3.4 节定义的 DataRead 类实现，读入后数据显示在各文本框控件中。间接平差计算及参数精度评价是调用间接平差类中的方法，其结果也显示在 ListBox 控件中。

(6) 数据读入类与显示。间接平差类应用程序的数据读入与条件平差类应用程序的数据读入完全一致。因此，将 3.4 节代码片段内容更新到 FrmIndirectAdjus.cs 文件即可，方法十分简单，这里没有给出详细代码。需要说明的是，为了方便利用读入的数据，将读入数据结果存放到 Frm_IndirectAdjus 类中的 IA 字段，读入结果也会在相应的 ListBox 控件中显示。为了简化代码，我们定义了两个私有函数，该函数的详细代码如代码片段 3-13 所示。

代码片段 3-13：

```
//显示多列矩阵
private void ShowMatrix(Matrix M, RichTextBox rtB, string format)
{
    string strTemp = null;
    for (int i = 0; i < M.Rows; i++)
    {
        for (int j = 0; j < M.Cols; j++)
        {
            strTemp += M.getNum(i, j).ToString(format) + " ";
        }
        strTemp += "\r\n";
    }
    rtB.Text = strTemp.Substring(0, strTemp.Length - 3);
}
```

矩阵显示方法有三个形参，分别是要显示的矩阵、显示的控件以及数据显示格式。这里需要说明的是，与条件平差应用程序一样，也需要定义一个间接平差类（IA），它需要在 Frm_IndAdjust 类中具有生命值。因此，我们定义了属于 Frm_IndAdjust 窗体类的字段。该字段的功能是接收与处理数据，代码详见代码片段 3-14。运行程序，数据读取结果如图 3-9 所示。

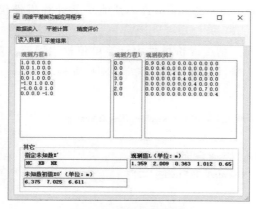

图 3-9　数据读取结果

代码片段 3-14：

```
public partial class Frm_IndAdjust : Form
{
    ConditionalAdjustment IA = new ConditionalAdjustment();
    ……
}
```

（7）平差计算事件代码。平差计算主要是计算参数的改正数 x、参数的平差值、观测值改正数 V 和观测值平差值，这主要是由间接平差类的 AdjustmentCalculation() 实现。详细代码如代码片段 3-15 所示。

代码片段 3-15：

```
private void 未知数改正数 x_Click(object sender, EventArgs e)
{
    tabControl1.SelectedTab = tabControl1.TabPages[1];
    IA.AdjustmentCalculation();//平差计算
    ShowMatrix(Matrix.T(IA.x), rtB_vx,"f3");
}
private void 未知数平差值 X_Click(object sender, EventArgs e)
{
    ShowMatrix(Matrix.T(IA.X_adjust), rtB_X_Ajust, "f3");
}
private void 观测值改正数 V_Click(object sender, EventArgs e)
{
    ShowMatrix(Matrix.T(IA.V), rtB_LV,"f3");
}
private void 观测值平差值 L_Click(object sender, EventArgs e)
{
    ShowMatrix(Matrix.T(IA.L_adjust), rtB_L_Ajust,"f2");
}
```

实际上，在解算观测值改正数 x 的事件中调用了间接平差类（InditionalAdjustment）中的平差计算方法（AdjustmentCalculation），其他平差计算事件仅是将参数平差结果显示出来而已。

（8）精度评价事件代码。精度评价事件由计算单位权中误差、观测值方差、未知数方差及观测值平差值方差组成。事件代码如代码片段 3-16 所示。

代码片段 3-16：

```
private void 单位权中误差 σ0_Click(object sender, EventArgs e)
{
    IA.PrecisionEvaluation();//精度评价
    rtB_xigema0.Text = IA.xigema0.ToString("f2");
}
```

```
private void 观测值方差 DLL_Click(object sender, EventArgs e)
{
    ShowMatrix(IA.DLL, rtB_DLL,"f2");
}
private void 未知数方差 DXX_Click(object sender, EventArgs e)
{
    ShowMatrix(IA.DXX_Ajust, rtB_DXX,"f3");
}
private void 观测值平差值方差 DLL_Ajust_Click(object sender, EventArgs e)
{
    ShowMatrix(IA.DLL_Ajust, rtB_DLL_Ajust,"f3");
}
```

从以上代码可以看出，在单位权中误差计算中调用了 AccuracyAssessment()，其他事件则近似显示精度评价结果而已。

（9）运行程序，进入间接平差类功能应用程序测试各项功能。间接平差类功能测试应用程序平差计算和精度评价的结果如图 3-10 所示。

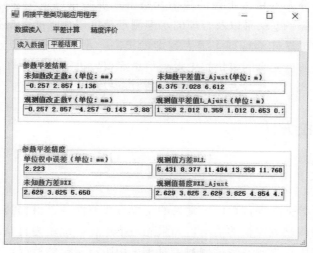

图 3-10　间接平差类功能测试结果

◎习题

1. 用继承的方法定义一个新类，对已有条件平差类增加一些方法和属性，例如，增加一个成果写入文件的输出方法。请基于条件平差类，用继承的方法定义一个新类，并给出测试程序。

2. 用继承的方法定义一个新类，对已有间接平差类增加一些方法和属性，例如，增加一个成果写入文件的输出方法。请基于间接平差类，用继承的方法定义一个新类，并给出测试程序。

第4章 水准网平差程序设计与实现

4.1 水准测量概述

水准测量又名几何水准测量，是用水准仪和水准尺测定地面上两点间高差的方法。在地面两点间安置水准仪，观测竖立在两点上的水准标尺，按尺上读数推算两点间的高差。通常由水准原点或任一已知高程点出发，沿选定的水准路线逐站测定各点的高程。由于不同高程的水准面不平行，沿不同路线测得的两点间高差将有差异，所以在整理水准测量成果时，须按所采用的正常高系统加以必要的改正，以求得正确的高程。

水准网平差是测量数据处理的重要内容。近年来，随着工程测量的发展，尤其是高难度隧道以及大跨度桥梁等大型精密工程的建设，精密水准测量已成为保障施工质量的重要手段，如何获得高精度的平差结果以及合理的水准测量精度成为水准数据处理的关键问题。当前水准测量的精度和可靠性都得到了很大程度的提高，水准数据处理方法也相应地有所改变。通常情况下是先通过先验的单位权中误差信息定权，进行平差计算，然后采用后验的单位权进行精度评定，其中定权方式又分为按测站数定权和按距离定权。

4.2 水准网定权方法

4.2.1 定权方式

实际的水准测量数据处理过程中，常见的定权方式有两种：根据测站数定权；根据线路距离定权。对于采用测站数定权的情况，如果先验单位权中误差为每站高差中误差，那么某一测段的权应为该测段包含测站数的倒数。对于采用距离定权的情况，如果先验单位权中误差为每公里高差中误差，那么某一测段的权应确定为该测段距离的倒数或者测段距离平方的倒数。从理论上讲，权只是一个表示相对大小的量，同时缩放一个比例因子对结果不会产生影响。而实际计算中，为了传递先验的精度信息，往往把先验的精度信息作为比例因子赋给权。

4.2.2 先验单位权中误差的确定

测站数定权和距离定权这两种不同的定权方式，决定了两种不同的单位权确定方法。对于采用距离定权的情况，通常选择先验的每公里往返测高差中误差 σ_0 作为单位权中误差，这个每公里往返测高差中误差可以是水准仪的标称精度。对于采用测站数定权的情况，采用每公里往返测高差中误差 σ_0。

另外，一种确定先验单位权中误差的方法是利用实际测量的数据确定先验的单位权中误差，常见的方法就是选择每公里高差中数偶然中误差 M_Δ 作为单位权中误差，选择 M_Δ 的前提是对所有的测段都进行了往返观测。由于水准测量规范中对 M_Δ 有明确的限差要求，实际精密水准测量过程中，一般都进行了往返测。每公里高差中数偶然中误差的计算公式为

$$M_\Delta = \pm\sqrt{[\Delta\Delta/S]/(4n)} \qquad (4\text{-}1)$$

式中，Δ 为测段往返测高差不符值，单位为 mm；S 为测段长度，单位为 km；n 为测段数。从式（4-1）可以看出，在平差计算之前就可以把 M_Δ 计算出来，将其作为先验的单位权中误差。显然，M_Δ 是一种距离相关的单位权中误差，如果需要按照测站数定权，则还需要参照式（4-1）求得每测站高差中数偶然中误差。

4.2.3 后验单位权中误差的确定

后验单位权中误差的确定：按照先验单位权中误差进行平差计算，得到估计参数后还要进行精度评定，进行精度评定时，同样面临单位权中误差的确定问题。

先验单位权中误差的确定会影响到单位权中误差的估值，而先验单位权中误差往往又是一个经验的数值。权比确定是否合理，通常是在平差后做一次统计假设检验来确认的，如果定权合理，后验中误差应该和先验中误差一致。

4.3 水准网条件方程建立原则与方法

4.3.1 水准网条件方程建立原则

在列水准网条件方程式时我们一般应按下面的原则进行。
（1）列出的条件方程式必须足数，也就是说列出的条件方程式必须是 r 个。
（2）列出的条件方程式之间必须是独立的，即条件方程式之间不存在函数关系式。
（3）列出的条件方程必须是最简单的，即含有的观测量越少越好。

在水准网中可分为有已知点和没有已知点两种情况。若有已知点，必要观测量等于待定点的个数；若没有已知点，则必要观测量等于待定点的个数减 1。

水准网中条件方程式分为附合条件方程式和闭合条件方程式两类。附合条件方程式即为从一个已知水准点沿水准路线到另一个已知水准点所列的方程式。闭合条件方程式即为从某点出发沿水准路线，最后又回到该点所列的方程式。

（1）在水准网中若已知点个数大于 1，则存在附合条件方程和闭合条件方程。
（2）在水准网中若已知点个数小于或等于 1，则只存在闭合条件方程。

4.3.2 水准网条件方程建立方法

水准网条件方程建立应遵循以下步骤：
（1）应先列附合条件方程式，再列闭合条件方程式。
（2）附合条件方程式应按测段少的路线列立，附合条件方程式的个数应等于已知点个数减 1。

(3) 闭合条件方程式应按小环来列立，即按含有测段数最少的原则列立，其个数为多余观测量减去附合条件方程式个数。

4.4 水准网条件平差程序设计与实现

水准网条件平差的主要功能是读取水准点已知高程、观测高差数据，建立观测条件方程、平差计算以及结果输出等。由于条件平差很难通过程序代码自动列条件方程，因此需要人工建立条件方程。在这个程序中需要利用第 2 章的点类（Point）、水准网测段数据类（MeasuringSegment）、测量点读写类（ReadPoint）以及第 3 章的条件平差类（ConditionalAdjustment）等完成水准网条件平差的功能。这些已有类的使用降低了水准网条件平差程序的编写难度，提高了软件开发的速度。在这个程序中，需要重点解决的问题是水准网数据读入以及半自动化建立条件方程。

4.4.1 水准网数据读入类实现

水准网条件平差包括已知点高程和测段观测高差两类数据。这两类数据的读入通过数据读入类（DataRead）完成。水准网已知高程点数据和水准网测段高差数据，可为水准网条件/间接平差应用类提供基础数据。也就是说，DataRead 类不仅可以在水准网条件平差应用程序中使用，在间接平差应用程序中同样可以使用。

该类的定义如代码片段 4-1 所示。

代码片段 4-1：

```
public class DataRead
{
    public Dictionary<string, Point> PointsCtrl { get; set; }
    public List<MeasuringSegment> MSList { get; set; }
    public void DR_Points(string FileName)   {……}
    public void DR_Levelin(string FileName)   {……}
    ……
}
```

该类定义了 PointsCtrl 和 MSList 两个公有属性及 DR_Levelin（）和 DR_Points（）两个公有方法。Dictionary<string，Point> 的 PointsCtrl 属性主要是存储管理读入的已知高程数据，List<MeasuringSegment> 的 MSList 属性主要是存储管理读入的测段高差数据。DR_Points（）方法、DR_Levelin（）方法分别用来读取高程数据和测段高差数据，形参均为需要操作的文件名称。DR_Points（）方法在 2.4.1 小节给出了详细代码，这里不再重复描述，仅给出 DR_Levelin（string FileName）方法的详细代码，详见代码片段 4-2。

代码片段 4-2：

```
public void DR_Levelin(string FileName)
{
```

```csharp
try
{
    FileStream fs1 = new FileStream(FileName, FileMode.Open);
    StreamReader MyReader = new StreamReader(fs1, Encoding.UTF8);
    while (MyReader.EndOfStream != true)
    {
        string Temp = MyReader.ReadLine();
        List<string> TempString = Temp.Split(new char[2] { ',', ',' },
                            StringSplitOptions.RemoveEmptyEntries).ToList<string>();
        MSList.Add(new MeasuringSegment
        {
            SP = new Point { ID = TempString[0].Trim() },
            EP = new Point { ID = TempString[1].Trim() },
            DiffH = float.Parse(TempString[2].Trim()),
            Distance = float.Parse(TempString[4].Trim()),
        });
    }
    MyReader.Close();
    fs1.Close();
}
catch (Exception err)
{
    MessageBox.Show(err.Message, "打开失败", MessageBoxButtons.OK,
                    MessageBoxIcon.Information);
}
```

4.4.2 水准网条件平差应用类定义与实现

水准网条件平差应用类主要为条件平差类提供条件方程、观测值权阵以及观测值。下面给出了条件平差应用类定义的详细代码，并对关键语句进行注释，如代码片段 4-3 所示。

代码片段 4-3：

```csharp
class ConditionalAdjustmentofLevelingNetwork//为条件平差模型提供 A、P、W 及观测值 L
{
    public Matrix A { get; set; }//误差方程系数矩阵
    public Matrix P { get; set; }//观测值权阵
    public Matrix W { get; set; }//误差方程常数项
    public Matrix L { get; set; }//观测量
    //—————————————————————水准网数据—————————————————————
```

```
        public List<MeasuringSegment> MSList;//水准路线观测高差
        public Dictionary<string, Point> PointsCtr;//控制点文件
        public Dictionary<string, Point> AllPointsNet = new Dictionary<string, Point>();
        //————————————————————主要方法————————————————————
        public void DataRead_MSList(string FileName) {略}    //读入水准测量数据
        public void DataRead_ctrPoints(string FileName){略}//读取水准点测量数据
        public void GetPointTypeIfo(){略}    //分析水准网信息
        public void ConditionEquationARow {略}//条件方程
        public Matrix GetPMatrix(){略}//观测值权阵
        public Matrix GetLMatrix(){略}//获取观测值
    }
```

这个类定义了 4 个 Matrix 类型的属性,用来存储管理条件平差模型的基础数据 A、P、W 和 L 数据;定义了 3 个字段,分别用来存储管理读入的控制点信息、测量高差信息和水准网中的点信息;定义了 6 个方法,分别用来读取控制点数据、测量高差数据、获取水准网点信息、建立条件方程、建立观测值权阵及建立观测值。

代码片段 4-4 给出了上述 6 个方法的详细代码,并对关键语句进行注释。

代码片段 4-4:

```
internal void DataRead_ctrPoints(string FileName)//读取水准点测量数据
{
    DataRead DR = new DataRead();
    DR. DR_Points(FileName);
    this. PointsCtr = DR. PointsCtrl;
}
internal void DataRead_Leveling(string FileName)    //读入水准测量数据
{
    DataRead DR = new DataRead();
    DR. DR_Levelin(FileName);
    this. MSList = DR. MeasuringSegmentList;
}
```

这段代码利用了已经定义的 DataRead 类,给出水准网控制点和测段高差读取方法,并将读取结果赋给了条件平差应用类中的 MSList、PoinsCtr 字段。

代码片段 4-5 给出了水准网中测量点信息识别方法的详细 C# 代码,并对主要语句进行了注释。

代码片段 4-5:

```
public void GetPointTypeIfo()//获取测量点的类型
{
```

```csharp
foreach (var item in this.MSList)//获取所有的点
{
    if (!AllPointsNet.ContainsKey(item.SP.ID))//检查起点是否在 AllPointsNet 内
    {
        AllPointsNet.Add(item.SP.ID, item.SP);//不在时添加
    }
    if (!AllPointsNet.ContainsKey(item.EP.ID))//检查终点是否在 AllPointsNet 内
    {
        AllPointsNet.Add(item.EP.ID, item.EP);//不在时添加
    }
}
foreach (var item in AllPointsNet)//识别控制点
{
    if (PointsCtr.ContainsKey(item.Key))
    {
        item.Value.IsControlP = true;
        item.Value.IsX0 = true;
        item.Value.H = PointsCtr[item.Key].H;
    }
}
AllPointsNet = AllPointsNet.OrderBy(o => o.Key).ToDictionary(p => p.Key, p => p.Value);
//通过比较点名升序排列
}
```

这段代码主要利用 Dictionary 类型自带的 Contains()方法，判断水准网每条观测测段的端点是否在 AllPointsNet 点集合中，不在时进行添加，从而得到水准网中所有的点。用类似的方法判断 AllPointsNet 点集合中的点是否在控制点（PointsCtr）集合中，为真时，根据点名添加控制点高程及标识信息。

代码片段 4-6 给出了水准网条件方程半自动建立的 C♯详细代码，并对主要语句进行了注释。

代码片段 4-6：

```csharp
//列条件方程:条件方程数量,每个条件方程系数及元素的个数,常数项
public void ConditionEquationARow (TextBox TB, RichTextBox ARowTB, RichTextBox WRowTB)
{
    List<int> EquationARow = new List<int>();
    for (int i = 0; i < this.MSList.Count; i++)
    {
        EquationARow.Add(0);//初始值设为 0
        TB.Text.Trim();
```

```
            List<string> EquationString = TB.Text.Split(new char[2] {'+', '-'},
            StringSplitOptions.RemoveEmptyEntries).ToList<string>();
            foreach (var item in EquationString)
            {
              if (TB.Text.Contains("-" + item))
              {
                 EquationARow[int.Parse(item) - 1] = -1;  //item 为观测边号从 1 开始
              }
              else { EquationARow[int.Parse(item) - 1] = 1; }
            }
            string temp = "";//输出一个/行条件方程
            foreach (var item in EquationARow)
            { temp += item.ToString("d") + "  "; }
              temp += "\n";
              ARowTB.Text += temp;
              double wRow = 0;
            for (int ii = 0; ii < this.MSList.Count(); ii++)
            {
                 wRow += EquationARow[ii] * (this.MSList[ii].DiffH * 1000) - EquationARow[ii] *
(AllPointsNet[MSList[ii].EP.ID].H - AllPointsNet[MSList[ii].SP.ID].H) * 1000;
            }
            WRowTB.Text += wRow.ToString("f1") + "\n";
         }
      }
```

这段代码的功能是通过 TextBox 控件的 Text 属性输入条件方程，程序将自动列出标准的条件方程，结果分别输入 RichTextBox ARowTB 和 RichTextBox WRowTB 控件中。需要注意的是，在 W 的计算中它的规律是观测值减去应有值。

代码 4-7 给出了水准测量测段观测值的权阵，该矩阵的主对角线为距离（单位：千米）的倒数。

代码片段 4-7：

```
public Matrix GetPMatrix()
{
    double[,] temp = new double[MSList.Count, MSList.Count];
    int i = 0;
    foreach (var item in this.MSList)
    {
        temp[i, i] = 1/ item.Distance;
        i++;
    }
```

```
    P = new Matrix(temp);
    return P;
}
```

代码 4-8 给出了水准测量观测值矩阵，该矩阵为 n 行 1 列的向量，这里的 n 为观测值数量。

代码片段 4-8：

```
public Matrix GetLMatrix()
{
    double[,] temp = new double[MSList.Count, 1];
    int i = 0;
    foreach (var item in this.MSList)
    {
        temp[i, 0] = item.DiffH; i++;
    }
    L = new Matrix(temp);
    return L;
}
```

4.4.3 水准网条件平差程序实现

1. 水准网平差案例

在水准网（见图 4-1）中，A 和 B 是已知高程的水准点，并设这些点已知高程无误差。图中 C、D 和 E 是待定点。A 和 B 点高程、观测高差和相应的水准路线长度见表 4-1。试按条件平差求：

（1）各待定点的平差高程；
（2）C 至 D 点间高差平差值的中误差。

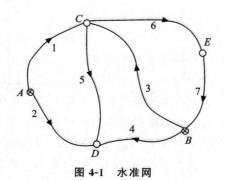

图 4-1 水准网

表 4-1 水准网观测数据

路线号	观测高差（m）	路线长度（km）	已知高程（m）
1	+1.359	1.1	$H_A=5.016$
2	+2.009	1.7	$H_B=6.016$
3	+0.363	2.3	
4	+1.012	2.7	
5	+0.657	2.4	
6	+0.238	1.4	
7	−0.595	2.6	

2. 水准网数据组织

对于控制点和水准网观测数据，利用.txt 文本格式存储。控制点文件使用了点名、X 坐标、Y 坐标数据格式。测段观测高差使用了"起点号，终点号，往测高差，观测距离"数据格式，测段的序号可按照数据读入的顺序自动建立。数据内容如图 4-2 和图 4-3 所示。

图 4-2 控制点数据

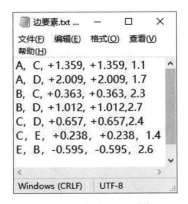

图 4-3 水准网观测值

3. 软件主要界面设计

为了展示水准网测量数据条件平差的基本原理，在程序设计中尽可能将中间结果展示出来。程序界面涉及了 MenuStrip（菜单）、按钮（Button）、TabControl、DataGridView 及 OpenFileDialog 等控件。图 4-4 所示为水准网条件平差应用程序的主要界面。

在图 4-4 所示的程序界面中，菜单栏提供的是主要事件的接口，文本框的主要作用是给出事件响应的结果。由于水准网条件平差只能半自动地列条件方程，这里在添加方程文本框中输入条件方程，输入结果将会在方程系数 A 和 W 中显示。若需要条件方程重建，可以单击"清空方程"，这时方程系数文本框的条件方程将被清除。"确定"按钮的功能是将文本框中的内容形成矩阵。结果信息主要是显示平差中间结果与最终结果，也可以对不满意的结果进行消除。

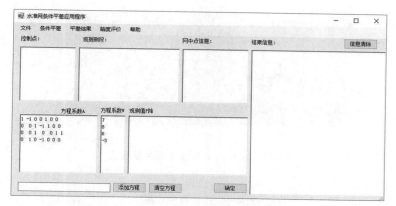

图 4-4 水准网条件平差应用程序主要界面

程序界面主要控件及其属性设置如表 4-2 所示。

表 4-2 控件类型及部分属性设置

控件类型	序号	Name 属性	控件类型	序号	Name 属性
Label	2	lb_Point	RichTextBox	a	rtB_PointCtr
	3	lb_Dist		b	rtB_Dist
	4	lb_NetPoint		c	rtB_NetPoint
	5	lb_Result		d	rtB_H0
	6	lb_H0		e	rtB_B
	7	lb_errorB		f	rtB_x
	8	lb_X		i	rtB_l
	9	lb_errorl		j	rtB_P
	10	lb_LP		k	rtB_Result
MenuStrip	1	menuSp	Button	l	bT_Clear

4. 实现步骤

按照以下步骤完成水准网条件平差程序的所有类的定义，并实现水准网条件平差程序。

（1）打开 VS2015 程序，单击菜单栏中的"文件"，新建项目；选择 Visual C♯ 窗体应用程序，给出的项目名称、解决方案名称均为 CH04，选择合适的位置存放项目文件。

（2）将默认添加的 Windows 窗体的 Name 属性、Text 属性分别修改为 Frm_Main 及测量平差基础类教学实践应用程序。然后，在该窗体添加 1 个 GroupBox、2 个 RadioButton 及 2 个 Button 控件。程序的主要界面如图 4-5 所示。

以上这些控件的属性设置如表 4-3 所示。

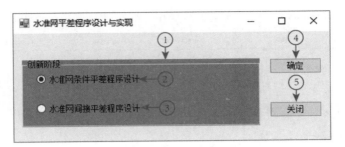

图 4-5 水准网平差程序的主要界面

表 4-3 控件属性设置

序号	控件类型	Name 属性	Text 属性	序号	控件类型	Name 属性	Text 属性
①	GroupBox	gpb1	创新阶段	④	Button	bt_OK	确定
②	RadioButton	rb_CondAjust	水准网条件平差程序设计	⑤	Button	bt_Close	关闭
③	RadioButton	rb_IndAjust	水准网间接平差程序设计				

（3）选中主窗体，按 F7（或选择查看代码），进入 Frm_Main.cs 文件，在该文件中添加以下代码：

代码片段 4-9：

```
public Frm_main()
{
    InitializeComponent();//窗体初始化,原来的不动
    this.StartPosition = FormStartPosition.CenterScreen;
    btOK.Click += btOK_Click; }//注册事件
    private void btOK_Click(object sender, EventArgs e)
    {
        foreach (var v in groupBox1.Controls)
        {
            RadioButton r = v as RadioButton;
            if (r.Checked == true) ShowExperimentForm(r.Name);
        }
    }
    private void ShowExperimentForm(string name)
    {
        Form fm = null;
        switch (name)
```

```csharp
        {
            case "rbCondAdjust":
            fm = new Frm_CondAdjust();
            break;
            default:
            break;
        }
        if (fm != null)
        {
            fm.StartPosition = FormStartPosition.CenterScreen;
            fm.ShowDialog();
        }
        else
        {
            MessageBox.Show("未找到对应示例","警告", MessageBoxButtons.OK, MessageBoxIcon.Error);
        }
    }
```

这些代码与前几章示例程序的开头代码是一致的，目的是方便增加案例程序。

（4）鼠标左键选中 CH04 项目，使用右键菜单添加 AdjustModel 文件夹，然后，选择该文件夹，并添加类文件，文件名称为 ConditionalAdjustment.cs，并在该文件里输入代码片段 3-1 的内容。在这个文件中定义了 ConditionalAdjustment 类，这个类已经在第 3 章中完成，现在直接复制过来使用。

（5）鼠标左键选中 CH04 项目，使用右键菜单添加 BassicClass 文件夹。选中这个文件夹，使用右键菜单添加 Data.cs 类文件，并在文件中输入代码片段 2-1 和代码片段 2-10。这两段代码的功能是在 Data 文件中完成 Point 类和 MeasuringSegment 类的定义。

（6）鼠标左键选中 BassicClass 文件夹，使用右键菜单添加 Matrix.cs 类文件。在这个文件中添加代码片段 2-27 代码，完成 Matrix 类的定义。

（7）鼠标左键选中 CH04 项目，使用右键菜单添加 AppClass 文件夹。选中这个文件夹，使用右键菜单添加 ConditionalAdjustmentofLevelingNetwork.cs 类文件，并在文件中输入代码片段 4-1、代码片段 4-2、代码片段 4-3、代码片段 4-4、代码片段 4-5 及代码片段 4-6 等代码片段。这些代码的功能是完成条件平差应用类的定义。

（8）鼠标左键选中 CH04 项目，使用右键菜单添加 Windows 窗体类。

5. 主窗体菜单按钮事件实现

鼠标选中水准网条件平差实验教学程序窗体，双击（或按 F7）进入代码编写文件。在这个文件中添加如下代码片段：

（1）在 Frm_LNCondAdjust 类中加入 CALN 和 CA 两个字段，这两个字段的类型分别为 ConditionalAdjustmentofLevelingNetwork 类和 ConditionalAdjustment 类，目的是在这个窗体类中使用这两个类。

代码片段 4-10：

```csharp
public partial class Frm_LNCondAdjust : Form
{
    ConditionalAdjustmentofLevelingNetwork CALN =
    new ConditionalAdjustmentofLevelingNetwork();
    ConditionalAdjustment CA = new ConditionalAdjustment();
    ……
}
```

（2）添加控制点读取事件，读取结果利用 InfoShow 静态类中的 PointsInfoShow（） 方法显示。

代码片段 4-11：

```csharp
private void 控制点读取_Click(object sender, EventArgs e)
{
    CALN.DataRead_ctrPoints(openFile.GetOpenFileName("读取控制点"));
    InfoShow.PointsInfoShow(CALN.PointsCtr, ctrPoints_rtB);
}
```

（3）添加测段高差读取事件，读取结果利用 foreach 循环进行输出显示。

代码片段 4-12：

```csharp
private void 测段高差_Click(object sender, EventArgs e)
{
    CALN.DataRead_MSList(openFile.GetOpenFileName("打开测段高差文件"));
    foreach (var item in CALN.MSList)
    {
        Lines_rtB.Text += item.SP.ID + "\t" + item.EP.ID + "\t" + item.DiffH.ToString("f3") + "\r";
    }
}
```

（4）openFile 类的定义与实现。上述两个文件读取方法都用到了 GetOpenFileName（）方法。它的功能是提供 DialogFile 对话框，选择文件，它的形参为字符串。形参的作用是提示选择文件的类型，形参字符串作为对话框的标题。该类的代码如代码片段 4-13 所示。

代码片段 4-13：

```csharp
static class openFile
{
    public static string GetOpenFileName(string Title)
    {
        OpenFileDialog openFileDialog1 = new OpenFileDialog();
        openFileDialog1.InitialDirectory = NewCurentPath;
```

```
    openFileDialog1.Filter = "文本文件|*.*|txt 文件|*.txt|dat 文件|*.dat|所有文件|*.*";
    openFileDialog1.RestoreDirectory = true;
    openFileDialog1.FilterIndex = 1; openFileDialog1.Title = Title;
    if (openFileDialog1.ShowDialog() == DialogResult.OK)
    {
        return openFileDialog1.FileName;
    }
    else
    {
        return null;
    }
}
```

(5) 添加观测值权阵事件。利用 ConditionalAdjustmentofLevelingNetwork 类的 GetPMatrix() 方法构建权阵,结果利用 InfoShow.InfoShowMatrix() 方法显示。

代码片段 4-14:

```
private void 列 P 阵 ToolStripMenuItem_Click(object sender, EventArgs e)
{
    CALN.GetPMatrix();
    InfoShow.InfoShowMatrix(CALN.P, P_rtB);
}
```

(6) 添加水准网分析事件。该事件利用 ConditionalAdjustmentofLevelingNetwork 类的 GetPointTypeIfo() 方法获取水准网点信息,GetLMatrix() 方法获取水准网观测值,分析点类型结果利用 InfoShow 静态类中的 PointsInfoShow() 方法显示。

代码片段 4-15:

```
private void 水准网分析_Click(object sender, EventArgs e)
{
    CALN.GetPointTypeIfo();
    CALN.GetLMatrix();
    InfoShow.PointsInfoShow(CALN.AllPointsNet, netPoints_rtB);
}
```

(7) 添加条件方程事件。该事件的主要功能是在文本框中手动列条件方程,然后将其添加到条件方程矩阵中。

代码片段 4-16:

```
private void AddEquation_btn_Click(object sender, EventArgs e)
{
    CALN.ConditionEquationARow_2023(EquationTB, A_rtB, W_rtB);
}
```

（8）添加确定按钮事件。该事件的主要功能是将文本框中的条件方程系数转变成矩阵，并赋值给 ConditionalAdjustment 对应的字段。

代码片段 4-17：

```csharp
private void ok_btn_Click(object sender, EventArgs e)
{
    CALN.A = ToolClass.ReadTCreadA(A_rtB);
    CALN.W = ToolClass.ReadTCreadA(W_rtB);
}
```

（9）添加平差应用事件。该事件的功能是向 ConditionalAdjustment 类提供必要的参数，并完成参数平差计算与精度评价。

代码片段 4-18：

```csharp
private void 平差应用_Click(object sender, EventArgs e)
{
    CA.A = CALN.A;
    CA.W = CALN.W;
    CA.P = CALN.P;
    CA.L = CALN.L;
    CA.AdjustmentCalculation();//平差计算
    CA.AccuracyAssessment();//精度评价
}
```

（10）添加结果显示事件。结果显示包括 V 值、L 值、单位权中误差、L 平差值等。

代码片段 4-19：

```csharp
private void V值计算_Click(object sender, EventArgs e)
{
    result_RTB.Text += "观测量改正值\n";
    InfoShow.InfoShowMatrix(CA.V.Transpose(), result_RTB);
    result_RTB.Text += "_____\n";
}
private void L值计算_Click(object sender, EventArgs e)
{
    result_RTB.Text += "观测值L\n";
    InfoShow.InfoShowMatrix(CA.L.Transpose(), result_RTB);
    result_RTB.Text += "_____\n";
}
private void 单位权中误差_Click(object sender, EventArgs e)
{
    result_RTB.Text += "单位权中误差\n";
    result_RTB.Text += CA.xigema0.ToString("f1");
    result_RTB.Text += "_____\n";
```

```
}
private void l平差精度_Click(object sender, EventArgs e)
{
    result_RTB.Text += "观测值平差值精度\n";
    InfoShow.InfoShowMatrix(CA.DLL_Adjust, result_RTB);
    result_RTB.Text += "_____\n";
}
```

4.4.4　水准网条件平差程序测试

以4.4.3小节中的水准网数据为例，测试程序数据读入、水准网分析、条件方程建立、平差计算及平差精度等功能的正确性。

1. 数据读入

依次单击"文件"菜单→高程控制点→测段高差菜单按钮，在弹出的对话框中选择4.4.3小节给出的水准网控制点文件和水准网观测数据文件。这两类数据将会被正确读取，并将读取结果分别显示在控制点和观测测段文本框内。

2. 条件平差

条件平差的一级菜单包含了水准网分析→观测值P阵→列误差方程→条件平差应用，需要依次单击这些菜单按钮。单击水准网分析按钮后，在网中点信息文本框中将显示测量点是控制点还是待定点。单击"确定"按钮会将观测值P矩阵文本框中的内容转换为观测值权矩阵，这个权是根据读入的测段距离原始数据计算得到的。条件方程系数程序给出了默认值，这样方便测试程序的其他功能。为了验证条件方程的辅助建立功能，可以单击"清空方程"按钮。在添加方程前的文本框中输入"1-2+5"这样的公式，然后单击"添加方程"按钮。这时发现该公式转变成了条件方程系数，并自动计算了常数项W。"1-2+5"公式的意思为水准线路1-水准线路2+水准线路5构成一个条件，至于是闭合环还是附合环，软件能够自己进行判断。条件方程建立好后，可以单击"确定"按钮，这时将文本框中的文本转换为条件方程系数矩阵，并将其赋值给条件平差应用类。单击条件平差应用菜单按钮将会把条件方程系数、观测值权阵赋值给条件平差类。单击平差结果菜单按钮将完成平差计算和精度评价。

3. 结果显示

条件平差完成后，依次单击精度评价菜单中的单位权中误差和观测值L精度。此时，观测值改正数、观测值L、单位权中误差及观测值平差精度都在结果信息窗口中显示出来。这些文本信息也可以利用"信息清除"按钮进行清除。上述操作过程的部分结果详见图4-6。

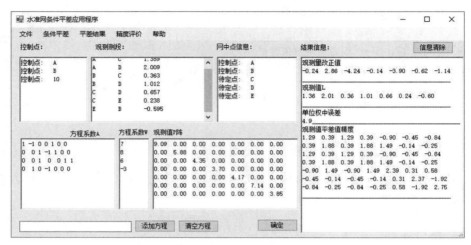

图 4-6 水准网条件平差测试结果

4.5 水准网观测方程建立原则与方法

4.5.1 水准网观测方程建立原则

间接平差的关键是列观测误差方程（观测方程），而列观测误差方程的关键是正确选择待估参数（未知数）。实际上，在间接平差中只要遵循以下原则就能够正确地选择待估参数：

(1) 待估参数的个数等于必要观测的个数 t。

(2) 所选取 t 个待估参数必须相互独立；

(3) 所选取 t 个待估参数与观测值的函数关系容易写出来。

在水准网间接平差中，通常选取待定点的高程值作为待估参数。设水准网中有 N 个点，其中 C 个点为控制点。当 $C=0$ 时，此时无已知点的水准网需要假定一点的高程已知，则必要观测数 $t=N-1$，这时其余点的高程值就可作为待估参数；当 $C>0$ 时，此时有已知点的水准网的必要观测数 $t=N-C$，t 等于水准网中的待定点个数，此时 t 个待定点的高程值作为待估参数。

这样选取待估参数，既足数又独立，而且容易写出参数与观测值之间的函数关系，还可以直接得到各点高程的值。

4.5.2 水准网观测方程建立方法

如图 4-7 所示，在 i，j 两点间进行水准测量，X_i，Y_j 分别为两点高程值，h_{ij} 为高差观测值。则可得高差观测值误差方程为：

$$V_{ij}=x_j-x_i-[h_{ij}-(X_j^0-X_i^0)] \tag{4-2}$$

当 i 点为已知点时，得高差观测值误差方程为：

$$V_{ij}=x_j-[h_{ij}-(X_j^0-X_i)] \tag{4-3}$$

当 j 点为已知点时，得高差观测值误差方程为：
$$V_{ij} = -x_i - [h_{ij} - (X_j - X_i^0)] \tag{4-4}$$

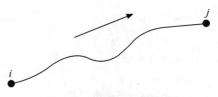

图 4-7 观测高差示意图

由式（4-2）至式（4-4）不难发现，高差观测误差方程未知数系数是由 0、1 和 −1 组成的，其中，终点为 1，起点为 −1，控制点为 0，常数项 l 仍然遵循观测值减去近似值的规律。

4.6 水准网间接平差程序设计与实现

4.6.1 水准网间接平差步骤

水准网间接平差问题一般按照以下步骤完成：
（1）根据平差问题选定未知参数；
（2）根据观测值与未知参数之间的函数关系建立误差方程式，若误差方程是非线性方程，还要引入参数近似值，将误差方程线性化；
（3）由误差方程组成法方程；
（4）解算法方程，求取未知参数；
（5）精度评定。

按照面向对象的软件开发方法，水准网间接平差程序可以由窗体类、矩阵类、数据读取类、水准网间接平差应用类及间接平差类等若干个相互联系的类组成。这些类的属性、字段和方法相互联系，完成了数据传递与数据的间接平差处理。

需要说明的是，水准网观测数据不管是间接平差还是条件平差仅是平差模型不同，处理的结果是一样的。因此，水准网间接平差程序数据读入类还可以使用 4.4.1 小节中条件平差程序定义的 DataRead 类。另外，间接平差模型类（IndirectAdjustment）是在第 3 章已经定义与测试过的类，这里不需要重新定义，可以直接使用。

对于水准网间接平差应用程序只需要考虑水准网间接平差应用类，这个类与条件平差应用类相似，它的主要功能是向间接平差类提供基本参数。

4.6.2 水准网间接平差应用类实现

水准网间接平差应用类的主要功能是为间接平差类提供观测方程系数、未知参数、未知参数初始值、观测值及观测值权阵等基本输入信息。针对水准网间接平差数据处理，它还需要具备基本数据读入功能。下面给出了水准网间接平差应用类定义的详细代码，并对关键语句进行注释，如代码片段 4-20 所示。

代码片段 4-20：

```csharp
class IndAdjustofLevelNetwork
{
    public Matrix B { get; set; }//误差方程系数矩阵
    public Matrix P { get; set; }//观测值权阵
    public Matrix l { get; set; }//误差方程常数项
    public Matrix X0 { get; set; }//未知数的初始值
    public Matrix L { get; set; }//观测量
    //—————————————————水准网数据—————————————————
    public List<MeasuringSegment> MSList;//水准路线观测文件
    public Dictionary<string, Point> PointsCtrs;//控制点文件
    //水准网基本信息
    public List<Point> unKnowPonts = new List<Point>();
    public Dictionary<string, Point> AllPointsNet = new Dictionary<string, Point>();
    //—————————————————主要方法—————————————————
    internal void DataRead_Leveling(string FileName) {略} //读入观测高差数据
    internal void DataRead_ctrPoints(string FileName) {略}//读取水准点测量数据
    public void GetLNInfo(){略}//分析水准网信息
    public void CalculateH0(){略}//高程初始值计算
    public void CalcErrorEquationB(){略}//建立观测方程系数矩阵 B
    public void CalcErrorEquationl(){略}//建立观测方程系数矩阵 l
    public Matrix GetPMatrix(){略}//建立观测值权阵
    public Matrix GetLMatrix(){略}//建立观测值矩阵
    ……
}
```

在这个类中定义了 5 个 Matrix 类型的属性，分别用来存储管理间接平差模型的基础数据 B、P、l、X0 及 L；定义了 4 个字段，分别用来存储管理读入的控制点信息、测段高差观测数据、未知点信息和水准网点信息；定义了 8 个方法，分别用来读取控制点数据、读取测段高差观测数据、获取水准网点信息、计算高程初始值、建立观测方程 B 系数、建立观测方程 l 系数、建立观测值权阵及建立观测值 P 矩阵。

代码片段 4-21 至代码片段 4-26 给出了上述 6 个方法的详细代码，并对关键语句进行注释。

代码片段 4-21：

```csharp
internal void DataRead_Leveling(string FileName)   //读入水准测量数据
{
    DataRead DR = new DataRead();
    DR.DR_Levelin(FileName);
    this.Lines = DR.MeasuringSegmentList;
```

```
}
internal void DataRead_ctrPoints(string FileName)//读取水准点测量数据
{
    DataRead DR = new DataRead();
    DR. DR_Points(FileName);
    this. PointsCtr = DR. PointsCtrl;
}
```

这段代码利用了已经定义的 DataRead 类给出水准网控制点和测段高差观测数据的读取方法，并将读取结果赋给了间接平差应用类（IndAdjustofLevelNetwork）中的 MSList 和 PoinsCtr 字段。这个方法与条件平差应用类中的数据读入实现方法完全一致。

水准网间接平差应用类中的水准网分析功能也是获取水准网中的点数量和类型等信息，这与水准网条件平差应用类的 GetPointTypeIfo() 中的方法完全一致，这里就不再赘述。

代码片段 4-22 给出了水准网间接平差未知参数初始值计算方法的代码，并对主要语句进行了注释。

代码片段 4-22：

```
public void CalculateH0()//高程初始值计算
{
    bool newPoint = true;
    while (newPoint)
    {
        double H0 = －1000;
        newPoint = false;
        foreach (var Line in this. MSList)
        {
            if (AllPointsNet[Line. EP. ID]. IsX0 == false && AllPointsNet[Line. SP. ID]. IsControlP == true)
            {
                H0 = AllPointsNet[Line. SP. ID]. H ＋ Line. DiffH;
                AllPointsNet[Line. EP. ID]. H = H0;
                AllPointsNet[Line. EP. ID]. IsX0 = true;
                newPoint = true; }
            if (AllPointsNet[Line. EP. ID]. IsControlP == true && AllPointsNet[Line. SP. ID]. IsX0 == false)
            {
                H0 = AllPointsNet[Line. EP. ID]. H － Line. DiffH;
                AllPointsNet[Line. SP. ID]. H = H0;
                AllPointsNet[Line. SP. ID]. IsX0 = true;
```

```
            newPoint = true; }
        }
    //获取未知点信息
    foreach (var item in this.AllPointsNet)
    {
      if (! item.Value.IsControlP)
      {
        unKnowPonts.Add(item.Value);
      }
    }
  }
}
```

高程初始值计算的原理是判断测段的端点是否有高程初始值，当起点有高程初始值时终点高程等于起点高程＋测段高差观测值，当终点有高程初始值时起点高程等于终点高程减去测段高差观测值，计算公式为

$$h_j = h_i + h_{ij} \qquad (4-5)$$

在高差观测值集合中循环遍历的方法：计算每个观测测段端点的高程值，直到所有的高差观测测段端点均有高程值时，循环结束。最后，对水准网中的所有点进行统计，按照类型重新排序，为的是后续方便建立观测方程。在观测方程的建立中按照 unKnowPonts 集合中未知点的存储顺序建立观测方程。

代码片段 4-23 给出了水准网观测误差方程系数矩阵 B 的建立方法，这个方法的名称为 CalcErrorEquationB ()。

代码片段 4-23：

```
public void CalcErrorEquationB()
{
    List<List<double>> EquationB = new List<List<double>>();
    List<List<double>> X0_temp = new List<List<double>>();
    List<string> unKnowPontsName = new List<string>();
    //提取未知点
    foreach (var item in this.unKnowPonts)
    {
      unKnowPontsName.Add(item.ID);
      List<double> t = new List<double>();
      t.Add(item.H);
      X0_temp.Add(t);
    }
    this.X0 = new Matrix(X0_temp);
```

```
        int index_SP = -1;
        int index_EP = -1;
        foreach (var item in this.MSList)
        {
            List<double> EquationRow = new List<double>();
            for (int i = 0; i < unKnowPonts.Count; i++)
            {
                EquationRow.Add(0);//初始值设为 0
            }
            index_SP = unKnowPontsName.IndexOf(item.SP.ID);//起点赋值
             if (index_SP >= 0) EquationRow[index_SP] = -1;
                index_EP = unKnowPontsName.IndexOf(item.EP.ID);//终点赋值
             if (index_EP >= 0) EquationRow[index_EP] = 1;
                EquationB.Add(EquationRow);
        }
        B = new Matrix(EquationB);
}
```

依据 4.5.2 小节水准网观测方程建立方法实现自动建立观测方程系数矩阵 B。在这个方法中，首先根据未知点高程初始值建立间接平差未知数 X_0 矩阵；其次，建立一个 List<double> EquationRow 观测方程系数变量，变量与未知数位置顺序一致；再次，判断观测值端点是起点还是终点，起点系数置为-1，终点系数置为 1；最后，完成每条观测边的观测方程，并将所有的观测方程系数组合成矩阵 B。

代码片段 4-24 给出了 CalcErrorEquationl () 方法的实现代码。这个方法的功能是建立水准网观测误差方程系数矩阵 l。

代码片段 4-24：

```
public void CalcErrorEquationl()
{
    List<List<double>> ll = new List<List<double>>();
    foreach (var item in this.MSList)
    {
        List<double> LTemp = new List<double>();
        double temp = item.DiffH - (AllPointsNet[item.EP.ID].H - AllPointsNet[item.SP.ID].H);
        LTemp.Add(temp * 1000);   //转为毫米
        ll.Add(LTemp); }
        this.l = new Matrix(ll);
}
```

这段代码的原理是观测方程常数项等于观测值减去近似值。在计算中，将单位米转换成毫米。

代码片段 4-25 给出了水准网测段高差观测值权阵的获取方法，该方法的返回值为观测值权阵。该矩阵的主对角线为测段高差观测距离（单位：千米）的倒数。代码片段 4-26 给出了水准网观测值 L 的获取方法。这两个方法与水准网条件平差应用类（IndAdjustofLevelNetwork）中的方法完全一致。

代码片段 4-25：

```csharp
public Matrix GetPMatrix()
{
    double[,] temp = new double[MSList.Count, MSList.Count];
    int i = 0;
    foreach (var item in this.MSList)
    {
        temp[i, i] = 10 / item.Distance;
        i++;
    }
    P = new Matrix(temp);
    return P;
}
```

代码片段 4-26：

```csharp
public Matrix GetLMatrix()
{
    double[] temp = new double[MSList.Count];
    int i = 0;
    foreach (var item in this.MSList)
    {
        temp[i] = item.DiffH;
        i++;
    }
    L = new Matrix(temp);
    return L;
}
```

4.6.3 水准网间接平差程序实现

仍然以 4.4.3 小节的水准网平差案例为例，编写间接平差程序，验证程序的实用性。水准网图形、相关数据及其数据组织详见 4.4.3 小节。

1. 软件主界面设计

为了展示间接平差方法处理水准网测量数据的原理，在程序设计中尽可能将中间结果展示出来。程序界面设计了 MenuStrip（菜单）、Button（按钮）、Label 及 RichTextBox 等控件。图 4-8 所示为水准网间接平差程序的主界面。程序界面主要控件及其属性设置如表 4-4 所示。

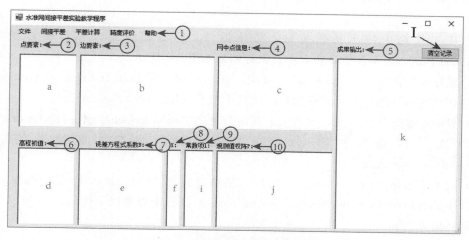

图 4-8 水准网间接平差程序主界面

表 4-4 控件类型及部分属性设置

控件类型	序号	Name 属性	控件类型	序号	Name 属性
Label	②	lb _ Point	RichTextBox	a	rtB _ PointCtr
	③	lb _ Dist		b	rtB _ Dist
	④	lb _ NetPoint		c	rtB _ NetPoint
	⑤	lb _ Result		d	rtB _ H0
	⑥	lb _ H0		e	rtB _ B
	⑦	lb _ errorB		f	rtB _ x
	⑧	lb _ X		i	rtB _ l
	⑨	lb _ errorl		j	rtB _ P
	⑩	lb _ LP		k	rtB _ Result
MenuStrip	①	menuSp	Button	I	bT _ Clear

在图 4-8 所示的程序界面中，菜单栏提供了水准网间接平差处理事件的所有入口，标签控件主要是对文本框功能的说明，文本框的功能主要是给出事件响应的结果。这些结果分别是读取高程控制点信息、测段高差信息、网中点信息、未知点高程初值、观测方程及平差结果信息等。

2. 实现步骤

按照以下步骤完成水准网间接平差程序的所有类的定义，并最终实现水准网间接平差程序。

（1）点击鼠标左键选中 CH04 项目，使用右键菜单添加文件夹 4_2。选中该文件夹，继续使用右键菜单添加 Windows 窗体类。将这个窗体类文件名称修改为 Frm_LNIndAdjust.cs，Name 属性为 Frm_IndAdjustAPP，Text 属性为水准网间接平差实验教学程序。

（2）从工具箱中拖出按钮控件、菜单控件、标签控件及文本框控件到 Frm_IndAdjustAPP 窗体，调整位置和大小，设计结果如图 4-8 所示。

（3）鼠标左键选中 AdjustModel 文件夹，使用右键菜单添加 IndirectAdjustment.cs 类文件，并在文件内添加在第 3 章定义好的间接平差类（IndirectAdjustment）。

（4）鼠标左键选中 AppClass 文件夹，使用右键菜单添加 IndAdjustofLevelNetwork.cs 类文件，并在文件内添加在第 4.6.2 小节定义好的水准网间接平差应用类（IndAdjustofLevelNetwork）。

（5）选中主窗体（Frm_Main），按 F7（或选择查看代码），进入 Frm_Main.cs 文件，在该文件中的 ShowExperimentForm（string name）方法中添加以下代码：

代码片段 4-27：

```
public Frm_main()
private void ShowExperimentForm(string name)
{
    Form fm = null;
    switch (name)
    {case "rbCondAdjust":
    fm = new Frm_CondAdjust();
    break;
    case "rb_IndAjust":
    fm = new Frm_IndAdjustAPP();
    ……
    }
}
```

3. 窗体菜单按钮事件实现

鼠标选中水准网间接平差实验教学程序窗体，按 F7 进入代码编写文件。在这个文件中添加如下代码片段：

（1）在 Frm_LNCondAdjust 类中加入 IndLAApp 和 IndAjust 两个字段。这两个字段的类型分别为 IndAdjustofLevelNetwork 类和 IndirectAdjustment 类，目的是在这个窗体类中使用水准网间接平差应用类和间接平差类。添加的代码为代码片段 4-28。

代码片段 4-28：

```
public partial class Frm_IndAdjustAPP : Form
{
    IndAdjustofLevelNetwork IndLAApp = new IndAdjustofLevelNetwork();
    IndirectAdjustment IndAjust = new IndirectAdjustment();
    ……
}
```

（2）添加控制点读取事件，读取结果利用 InfoShow 静态类中的 PointsInfoShow（）方法显示。

代码片段 4-29：

```
private void 控制点读取_Click(object sender, EventArgs e)
{
    IndLAApp.DataRead_ctrPoints(openFile.GetOpenFileName("打开控制点文件"));
    InfoShow.PointsInfoShow(IndLAApp.PointsCtrs, TB_PointCtr);
}
```

（3）添加测段高差读取事件，读取结果利用 foreach 循环进行输出显示。

代码片段 4-30：

```
private void 测段高差_Click(object sender, EventArgs e)
{
    IndLAApp.DataRead_MSList(openFile.GetOpenFileName("打开测段高差文件"));
    foreach (var item in IndLAApp.MSList)
    {
        Lines_rtB.Text += item.SP.ID + "\t" + item.EP.ID + "\t" + item.DiffH.ToString("f3") + "\r";
    }
}
```

不难发现，上述两个事件的实现与水准网条件平差程序的事件完全一致，openFile 类、InfoShow 类将不再重复介绍。

（4）添加水准网分析事件。该事件利用 IndAdjustofLevelNetwork 类的 GetPointTypeIfo（）方法获取水准网点信息，利用 GetLMatrix（）方法获取水准网观测值，分析点类型结果利用 InfoShow 静态类中的 PointsInfoShow（）方法显示。

代码片段 4-31：

```
private void 水准网分析ToolStripMenuItem_Click(object sender, EventArgs e)
{
    IndLAApp.GetPointTypeIfo();
    IndLAApp.GetLMatrix();
    InfoShow.PointsInfoShow(IndLAApp.AllPointsNet, TB_CurrentPoint);
```

（5）添加获取观测值权阵事件。利用 IndAdjustofLevelNetwork 类的 GetPMatrix（）方法构建观测值权阵，其结果也利用 InfoShow. InfoShowMatrix（）方法显示。

代码片段 4-32：

```
private void 观测值权 P_Click(object sender, EventArgs e)
{
    IndLAApp. GetPMatrix();
    InfoShow. InfoShowMatrix(IndLAApp. P, rtb_P);
}
```

（6）添加自动建立观测方程事件。建立观测方程由 3 个事件组成，分别为建立观测方程系数矩阵 B 事件、建立观测方程系数矩阵 l 事件以及建立观测方程未知数事件。需要注意的是，这 3 个事件的待定参数存在着对应关系，这种对应关系以未知数存储顺序为基础。这 3 个事件的代码如下：

代码片段 4-33 为建立观测方程系数矩阵 B 事件。

代码片段 4-33：

```
private void 系数矩阵 B_Click(object sender, EventArgs e)
{
    IndLAApp. CalcErrorEquationB();
    string temp = "";
    for (int i = 0; i < IndLAApp. B. Rows; i++)
    {
        for (int j = 0; j < IndLAApp. B. Cols; j++)
        {
            temp += IndLAApp. B[i, j] +"    ";
        }
        temp +="\r";
    }
    Rtb_B. Text = temp;
}
```

代码片段 4-34 为建立观测方程系数矩阵 l 事件。

代码片段 4-34：

```
private void 常数项 l_Click(object sender, EventArgs e)
{
    IndLAApp. CalcErrorEquationl();
    string temp = "";
    for (int i = 0; i < IndLAApp. l. Rows; i++)
    {
        temp += IndLAApp. l[i, 0]. ToString("f1") + "\r";
    }
    rtb_L. Text = temp;
}
```

代码片段 4-35 为建立观测方程未知数事件，在水准网中，未知数为待定点。

代码片段 4-35：

```
private void 未知数 x_Click(object sender, EventArgs e)
{
    string temp = "";
    foreach (var item in IndLAApp. unKnowPonts)
    {
        temp += item. ID +"\r";
    }
    rtb_x. Text = temp;
}
```

（7）参数平差事件。该事件的功能是将水准网间接平差应用类获得的 B、P、l、X0 及 L 值赋给间接平差类，最终利用间接平差类的平差方法计算参数的平差值。详细代码详见代码片段 4-36。

代码片段 4-36：

```
private void 参数平差_Click(object sender, EventArgs e) //对 X、L 进行平差计算
{
    IndAjust. B = IndLAApp. B;
    IndAjust. P = IndLAApp. P;
    IndAjust. l = IndLAApp. l;
    IndAjust. X0 = IndLAApp. X0;
    IndAjust. L = IndLAApp. L;
    IndAjust. AdjustmentCalculation();
    TB_Result. Text ="x(mm):\r";
    for (int i = 0; i < IndAjust. x. Rows; i++)//未知参数 x 计算结果显示
    {
        TB_Result. Text += IndAjust. x[i, 0]. ToString("f1") + "; ";
    }
    TB_Result. Text +="\r— — — — — — — — — — — — — — — — — —\r";
}
```

（8）平差值显示事件。代码片段 4-37 和代码片段 4-38 给出了对 X、L 平差结果进行显示的详细代码。

代码片段 4-37：

```
private void 待定点最优值_Click(object sender, EventArgs e)// 显示 X 的平差结果
{
    TB_Result. Text += "待定点平差值(单位:m)\r";
    for (int i = 0; i < IndAjust. X_adjust. Rows; i++)
    {
```

```
        TB_Result.Text += IndAjust.X_adjust[i,0].ToString("f3") + "; ";
    }
    TB_Result.Text +="\r————————————————\r";
}
```

代码片段 4-38:

```
private void 观测值平差值_Click(object sender, EventArgs e)// 显示 L 的平差结果
{
    TB_Result.Text += "观测值平差值(单位:m)\r";
    for (int i = 0; i < IndAjust.V.Rows; i++)
    {
        TB_Result.Text += IndAjust.L_adjust[i,0].ToString("f3") + "; ";
    }
    TB_Result.Text +="\r————————————————\r";
}
```

(9) 添加平差精度评价事件。该事件是调用 AccuracyAssessment() 方法对 X、L 的平差精度进行评价,这个方法是间接平差的类的方法。

代码片段 4-39 是对 X、L 的平差结果进行精度评价。

代码片段 4-39:

```
private void 参数精度计算_Click(object sender, EventArgs e)
{
    IndAjust.AccuracyAssessment();
    MessageBox.Show("精度评价完成","友情提醒",MessageBoxButtons.OK);
}
```

(10) 添加显示平差精度事件。分别显示上一步的单位权中误差、X 平差精度、L 平差精度及 L 观测精度,详细代码见以下代码片段:

代码片段 4-40 显示单位权中误差。

代码片段 4-40:

```
private void 单位权中误差_Click(object sender, EventArgs e)
{
    TB_Result.Text +="单位权中误差(单位:mm)\r";
    TB_Result.Text += IndAjust.xigema0.ToString("f3");
    TB_Result.Text +="\r————————————————\r";
}
```

代码片段 4-41 显示观测值 L 的测量精度。

代码片段 4-41：

```csharp
private void 观测值精度_Click(object sender, EventArgs e)
{
    TB_Result.Text +="观测值精度(单位:mm)\r";
    for (int i = 0; i < IndAjust.DLL.Rows; i++)
    {
        TB_Result.Text += IndAjust.DLL[i, i].ToString("f3") + ", ";
    }
    TB_Result.Text +="\r— — — — — — — — — — — — — —\r";
}
```

代码片段 4-42 显示未知数 X 的平差精度。

代码片段 4-42：

```csharp
private void 待定点精度_Click(object sender, EventArgs e)
{
    TB_Result.Text +="待定点精度(单位:mm)\r";
    for (int i = 0; i < IndAjust.DXX_Ajust.Rows; i++)
    {
        TB_Result.Text += IndAjust.DXX_Ajust[i, i].ToString("f3") + ", ";
    }
    TB_Result.Text += "\r— — — — — — — — — — — — — —\r";
}
```

代码片段 4-43 显示观测值 L 的平差精度。

代码片段 4-43：

```csharp
private void 观测值平差精度 ToolStripMenuItem_Click(object sender, EventArgs e)
{
    TB_Result.Text += "观测值平差精度(单位:mm)\r";
    for (int i = 0; i < IndAjust.L_adjust.Rows; i++)
    {
        TB_Result.Text += IndAjust.DLL_Ajust[i, i].ToString("f3") + ", ";
    }
    TB_Result.Text +="\r— — — — — — — — — — — — — —\r";
}
```

(11) 添加 Button 按钮事件。该事件的功能是清除文本框成果输出的内容。

代码片段 4-44 利用控件自身的方法清除文本框内容。

代码片段 4-44：

```
private void ClearBt_Click(object sender, EventArgs e)
{
    TB_Result.Clear();
}
```

4.6.4 水准网间接平差程序测试

以 4.4.3 小节中的水准网数据为例，测试水准网间接平差程序的数据读入、水准网分析、观测方程建立、平差计算及精度评价等数据处理功能的正确性。

1. 数据读入

先后单击"文件"菜单→高程控制点→测段高差菜单按钮，分别选择 4.4.3 小节给出的水准网控制点文件和水准网高差观测数据文件，这两类数据将会被正确读取，它的信息显示在点要素和边要素文本框中。

2. 观测方程建立

依次执行以下步骤：水准网分析→高程初始值计算→未知数 X→系数矩阵 B→系数矩阵 l→观测值权阵 P。这些操作完成了水准网观测方程的建立。其中，水准网分析主要是计算水准网中点的个数与类型信息，结果显示在网中点信息文本框中。高程初始值计算是依据测段观测高差得到的未知点高程初值，结果显示在高程初值文本框中。未知数 X 指的是未知点，在未知数文本框中显示了未知点名称。系数矩阵 B、l 为观测方程系数矩阵，分别显示在系数矩阵文本框中。观测值权阵 P 为水准网平差随机模型，结果显示在观测值权阵文本框中。

3. 平差计算

依次单击平差计算→参数平差菜单按钮，完成参数平差计算。它的功能是将间接平差应用类的 B、l、P、X0 及 L 等参数赋给间接平差类，并执行间接平差类中平差计算方法。因此，在平差计算菜单中观测值平差 $\hat{L}$、未知数平差值 $\hat{X}$ 菜单，仅是把参数平差计算的结果显示在成果输出的文本框中。

4. 精度评价

需要首先执行参数精度计算事件，它的功能是利用间接平差类中参数精度评价方法，评价未知数平差值 $\hat{X}$、观测值平差值 $\hat{L}$ 的精度及观测值 L 的测量精度等。单位权中误差、观测值 L 精度、未知数平差值 $\hat{X}$ 的精度及观测值平差 $\hat{L}$ 的精度，这些参数依次显示在成果输出的文本框中。

上述操作过程的结果,可详见图 4-9,成果输出的信息也可利用清空记录按钮事件进行清除。

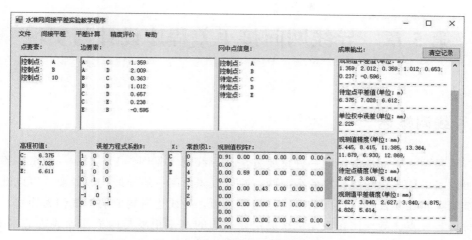

图 4-9　水准网间接平差应用程序功能测试结果

◎习题

1. 在 4.4 节的水准网条件平差程序中,定义了多个新的数据类型,请尝试优化这些数据类型。另外,条件平差数据处理结果输出到文本框中,请尝试将结果输出到文本文件,形成规范的水准网条件平差数据处理报告。

2. 在 4.6 节的水准网间接平差程序中,定义了多个新的数据类型,请尝试优化这些数据类型。另外,间接平差数据处理结果输出到文本框中,请尝试将结果输出到文本文件,形成规范的水准网间接平差数据处理报告。

第 5 章　导线网间接平差程序设计与实现

5.1　导线网概述

导线网是建立平面控制网的一种重要方法。导线网（见图 5-1）是由一条或多条导线组成，它可以是由同一级导线构成的全面网，也可以先由高一级导线构成骨架，再以低一级导线填充加密。将相邻控制点连成的直线称为导线边，导线边所构成的折线称为导线，相应的控制点称为导线点。导线测量就是依次测定导线边的水平距离与两相邻导线边的水平夹角，根据起算数据，推算各边的方位角，求出导线点的平面坐标。

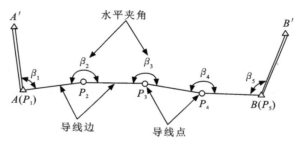

图 5-1　导线网

5.2　导线网定权方法

导线网中包含角度观测值与距离观测值，确定它们的权主要是要给出这两类观测值权的比值。导线网中各边长观测与角度观测之间都是相互独立的，因此各观测向量的方差-协方差矩阵为：

$$D = \sigma_0^2 Q = \sigma_0^2 P^{-1} \tag{5-1}$$

这里的权阵 P 是对角阵。设网中有 n_1 个角度观测值 $\{\beta_1, \beta_2, \cdots, \beta_{n_1}\}$ 和 n_2 个边长观测值 $\{S_1, S_2, \cdots, S_{n_2}\}$，$n_1 + n_2 = n$，则权阵为：

$$P(n \times n) = \mathrm{diag}(P_{\beta_1}, P_{\beta_2}, \cdots, P_{\beta_{n_1}}, P_{S_1}, P_{S_2}, \cdots, P_{S_{n_2}}) = \begin{bmatrix} P_\beta & 0 \\ 0 & P_S \end{bmatrix} \tag{5-2}$$

确定权阵 P，必须已知先验方差 D，D 也是对角阵：

$$D(n \times n) = \mathrm{diag}(D_{\beta_1}, D_{\beta_2}, \cdots, D_{\beta_{n_1}}, D_{S_1}, D_{S_2}, \cdots, D_{S_{n_2}}) \tag{5-3}$$

单位权方差 σ_0^2 唯一，但可以任意选取。

若 D 已知，则定权公式为

$$P_{\beta_i} = \frac{\sigma_0^2}{\sigma_{\beta_i}^2}, \quad P_{S_i} = \frac{\sigma_0^2}{\sigma_{s_i}^2} \tag{5-4}$$

式中，$\sigma_{\beta_1} = \sigma_{\beta_2} = \cdots = \sigma_{\beta_{n_1}} = \sigma_{\beta}$。定权时一般令 $\sigma_0^2 = \sigma_\beta^2$，即以测角中误差为导线网平差中的单位观测值中误差，由此即得

$$P_{\beta_i} = \frac{\sigma_0^2}{\sigma_{\beta_i}^2} = \frac{\sigma_\beta^2}{\sigma_{\beta_i}^2} = 1, \quad P_{S_i} = \frac{\sigma_\beta^2}{\sigma_{s_i}^2} \tag{5-5}$$

为了确定边、角观测的权比，必须已知 σ_β^2 和 $\sigma_{s_i}^2$，一般在平差前是无法精确知道的，所以采用按经验定权的方法，亦即 σ_β 和 σ_{S_i} 采用厂方给定的测角、测距仪器的标准精度或者经验数据。例如，已知测角精度为 $\sigma_\beta = 10''$，而测边精度为 $\sigma_s = 1.0 \times \sqrt{S(m)}$（单位：mm），则按式（5-5）的定权公式为：

$$P_{\beta_i} = 1, \quad P_{S_i} = \frac{100}{S_i(m)} \tag{5-6}$$

在边角同测网中，权比是有单位的，例如式（5-6）中的 $P_{\beta_i} = 1$ 无量纲（即单位为 1），而边长的权单位为秒²/米。在这种情况下，角度的改正数 v_{β_i} 要取秒为单位，而边长改正数 v_{S_i} 则要取米为单位，此时的 $P_{\beta_i} v_{\beta_i}^2$ 与 $P_{S_i} v_{S_i}^2$ 单位才能一致。这一特殊性在不同类型观测联合平差时应予以注意。

5.3 导线网观测方程建立方法

导线网有边长观测值和角度观测值两类观测值，是一种边角同测网。导线网中角度观测的误差方程与测角网的误差方程相同，边长观测的误差方程与测边网的误差方程相同。

5.3.1 方向观测值误差方程式

如图 5-2 所示，在 j 点对 k 点进行方向观测。其中 Z_j 为定向角未知数，即零方向的方位角，则 j、k 的方位角为

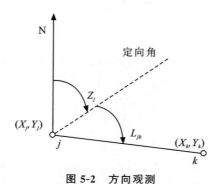

图 5-2 方向观测

$$\widetilde{A}_{jk} = \widetilde{Z}_j + \widetilde{L}_{jk} = \arctan\left(\frac{\widetilde{Y}_k - \widetilde{Y}_j}{\widetilde{X}_k - \widetilde{X}_j}\right) \tag{5-7}$$

由此得

$$\widetilde{L}_{jk} = \arctan\left(\frac{\widetilde{Y}_k - \widetilde{Y}_j}{\widetilde{X}_k - \widetilde{X}_j}\right) - \widetilde{Z}_j = f - \widetilde{Z}_j \tag{5-8}$$

式（5-8）为非线性函数，要进行线性化。利用泰勒级数在近似值 $\widetilde{X}_i^0$，$\widetilde{Y}_i^0$，$\widetilde{X}_k^0$，$\widetilde{Y}_k^0$ 处展开，略去二次以及二次以上项：

$$L_{jk} + V_{jk} = z_j + \frac{\partial f}{\partial X_j}\bigg|_{X^0 Y^0} x_j + \frac{\partial f}{\partial Y_j}\bigg|_{X^0 Y^0} y_j + \frac{\partial f}{\partial X_k}\bigg|_{X^0 Y^0} x_k + \frac{\partial f}{\partial Y_k}\bigg|_{X^0 Y^0} x_k$$
$$+ \arctan\left(\frac{Y_k^0 - Y_j^0}{X_k^0 - X_j^0}\right) - Z_j^0 \tag{5-9}$$

其中，

$$\frac{\partial f}{\partial X_j} = \frac{-\frac{(Y_k^0 - Y_j^0)(-1)}{(X_k^0 - X_j^0)^2}}{1 + \left(\frac{Y_k^0 - Y_j^0}{X_k^0 - X_j^0}\right)^2} = \frac{Y_k^0 - Y_j^0}{(X_k^0 - X_j^0)^2 + (Y_k^0 - Y_j^0)^2} = \frac{\Delta Y_{jk}}{S_{jk}^2} = \frac{\sin\alpha_{jk}^0}{S_{jk}}$$

$$\frac{\partial f}{\partial X_k} = \frac{-\frac{(Y_k^0 - Y_j^0)}{(X_k^0 - X_j^0)^2}}{1 + \left(\frac{Y_k^0 - Y_j^0}{X_k^0 - X_j^0}\right)^2} = -\frac{Y_k^0 - Y_j^0}{(X_k^0 - X_j^0)^2 + (Y_k^0 - Y_j^0)^2} = -\frac{\Delta Y_{jk}}{S_{jk}^2} = -\frac{\sin\alpha_{jk}^0}{S_{jk}}$$

$$\frac{\partial f}{\partial Y_j} = \frac{-\frac{1}{X_k^0 - X_j^0}}{1 + \left(\frac{Y_k^0 - Y_j^0}{X_k^0 - X_j^0}\right)^2} = \frac{-(X_k^0 - X_j^0)}{(X_k^0 - X_j^0)^2 + (Y_k^0 - Y_j^0)^2} = \frac{-\Delta X_{jk}}{S_{jk}^2} = -\frac{\cos\alpha_{jk}^0}{S_{jk}}$$

$$\frac{\partial f}{\partial Y_k} = \frac{\frac{1}{X_k^0 - X_j^0}}{1 + \left(\frac{Y_k^0 - Y_j^0}{X_k^0 - X_j^0}\right)^2} = \frac{X_k^0 - X_j^0}{(X_k^0 - X_j^0)^2 + (Y_k^0 - Y_j^0)^2} = \frac{\Delta X_{jk}}{S_{jk}^2} = -\frac{\cos\alpha_{jk}^0}{S_{jk}} \tag{5-10}$$

上式亦可写为

$$L_{jk} + V_{jk} = -z_j + \frac{\sin\alpha_{jk}^0}{S_{jk}^0} x_j - \frac{\cos\alpha_{jk}^0}{S_{jk}^0} y_j - \frac{\sin\alpha_{jk}^0}{S_{jk}^0} x_k + \frac{\cos\alpha_{jk}^0}{S_{jk}^0} x_k$$
$$+ \arctan\left(\frac{Y_k^0 - Y_j^0}{X_k^0 - X_j^0}\right) - Z_j^0 \tag{5-11}$$

得该观测值误差方程为

$$V_{jk} = -z_j + \frac{\sin\alpha_{jk}^0}{S_{jk}^0} x_j - \frac{\cos\alpha_{jk}^0}{S_{jk}^0} y_j - \frac{\sin\alpha_{jk}^0}{S_{jk}^0} x_k + \frac{\cos\alpha_{jk}^0}{S_{jk}^0} x_k - L_{jk}$$
$$+ \arctan\left(\frac{Y_k^0 - Y_j^0}{X_k^0 - X_j^0}\right) - Z_j^0 \tag{5-12}$$

当 j 点已知时，该观测误差方程为

$$V_{jk} = -z_j - \frac{\sin\alpha_{jk}^0}{S_{jk}^0}x_k + \frac{\cos\alpha_{jk}^0}{S_{jk}^0}x_k - L_{jk} + \arctan\left(\frac{Y_k^0 - Y_j^0}{X_k^0 - X_j^0}\right) - Z_j^0 \tag{5-13}$$

当 k 点已知时，该观测值误差方程为

$$V_{jk} = -z_j + \frac{\sin\alpha_{jk}^0}{S_{jk}^0}x_j - \frac{\cos\alpha_{jk}^0}{S_{jk}^0}y_j - L_{jk} + \arctan\left(\frac{Y_k^0 - Y_j^0}{X_k^0 - X_j^0}\right) - Z_j^0 \tag{5-14}$$

5.3.2 角度观测值误差方程式

观测值为角度、参数为待定点坐标的平差问题，称为测角坐标平差。在图 5-3 中，观测角度为 L_i，设 j、h、k 均为待定点，参数为 $(\hat{X}_j, \hat{Y}_j)$、$(\hat{X}_k, \hat{Y}_k)$、$(\hat{X}_h, \hat{Y}_h)$，并令 $\hat{X} = X^0 + \hat{x}$，$\hat{Y} = Y^0 + \hat{y}$。对于角度 L_i，其观测方程为

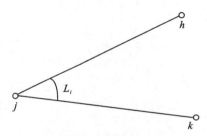

图 5-3　角度观测

$$L_i + v_i = \hat{\alpha}_{jk} - \hat{\alpha}_{jh} \tag{5-15}$$

将 $\hat{\alpha}_0 = \alpha^0 + \delta\alpha$ 代入，并令

$$l_i = L_i - (\alpha_{jk}^0 - \alpha_{jh}^0) = L_i - L_i^0 \tag{5-16}$$

即观测角减去其近似值就是常数项 l，代入上式得

$$v_i = \delta\alpha_{jk} - \delta\alpha_{jh} - l_i \tag{5-17}$$

这就是由方位角改正数表示的误差方程。

将方位角改正数表示为坐标改正数，可以利用前面导出的公式，得到测角观测值坐标平差的误差方程：

$$v_i = \rho''\left(\frac{\Delta Y_{jk}^0}{(S_{jk}^0)^2} - \frac{\Delta Y_{jh}^0}{(S_{jh}^0)^2}\right)\hat{x}_j - \rho''\left(\frac{\Delta X_{jk}^0}{(S_{jk}^0)^2} - \frac{\Delta X_{jh}^0}{(S_{jh}^0)^2}\right)\hat{y}_j$$
$$- \rho''\frac{\Delta Y_{jk}^0}{(S_{jk}^0)^2}\hat{x}_k + \rho''\frac{\Delta X_{jk}^0}{(S_{jk}^0)^2}\hat{y}_k + \rho''\frac{\Delta Y_{jh}^0}{(S_{jh}^0)^2}\hat{x}_h - \rho''\frac{\Delta X_{jh}^0}{(S_{jh}^0)^2}\hat{y}_h - l_i \tag{5-18}$$

角度不存在定向角参数，而观测方向值是不定的，依赖于度盘的零位置，所以必须引进定向角参数以固定方向值，从而才能与点的坐标建立函数关系，这是测角网与测方向网误差方程的不同之处。

5.3.3 距离观测值误差方程式

如图 5-4 所示，设 j、k 两点间距离为 $\tilde{S}_{jk}$，则

$$\widetilde{S}_{jk} = \sqrt{(\widetilde{X}_k - \widetilde{X}_j)^2 + (\widetilde{X}_k - \widetilde{X}_j)^2} \tag{5-19}$$

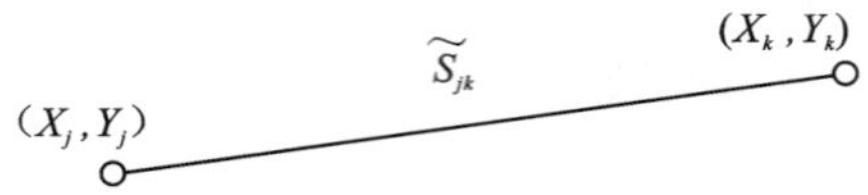

图 5-4 距离观测

该模型为非线性函数，需要进行线性化。将上式在 $\widetilde{X}_j^0, \widetilde{Y}_j^0, \widetilde{X}_k^0, \widetilde{Y}_k^0$ 处利用泰勒级数展开，略去二次以及二次以上项，得

$$S_{jk} + V_{jk} = \frac{\partial f}{\partial X_j}\bigg|_{X^0Y^0} x_j + \frac{\partial f}{\partial Y_j}\bigg|_{X^0Y^0} y_j + \frac{\partial f}{\partial X_k}\bigg|_{X^0Y^0} x_k + \frac{\partial f}{\partial Y_k}\bigg|_{X^0Y^0} y_k \\ + \sqrt{(\widetilde{X}_k^0 - \widetilde{X}_j^0)^2 + (\widetilde{Y}_k^0 - \widetilde{Y}_j^0)^2} \tag{5-20}$$

其中

$$\frac{\partial f}{\partial X_j}\bigg|_{X^0Y^0} = \frac{-2(\widetilde{X}_k^0 - \widetilde{X}_j^0)}{2\sqrt{(\widetilde{X}_k^0 - \widetilde{X}_j^0)^2 + (\widetilde{Y}_k^0 - \widetilde{Y}_j^0)^2}} = -\frac{\Delta X_{jk}}{S} = -\cos\alpha_{jk}^0$$

$$\frac{\partial f}{\partial Y_j}\bigg|_{X^0Y^0} = \frac{-2(\widetilde{Y}_k^0 - \widetilde{Y}_j^0)}{2\sqrt{(\widetilde{X}_k^0 - \widetilde{X}_j^0)^2 + (\widetilde{Y}_k^0 - \widetilde{Y}_j^0)^2}} = -\frac{\Delta Y_{jk}}{S} = -\sin\alpha_{jk}^0$$

$$\frac{\partial f}{\partial X_k}\bigg|_{X^0Y^0} = \frac{2(\widetilde{X}_k^0 - \widetilde{X}_j^0)}{2\sqrt{(\widetilde{X}_k^0 - \widetilde{X}_j^0)^2 + (\widetilde{Y}_k^0 - \widetilde{Y}_j^0)^2}} = \frac{\Delta X_{jk}}{S} = \cos\alpha_{jk}^0$$

$$\frac{\partial f}{\partial Y_k}\bigg|_{X^0Y^0} = \frac{2(\widetilde{Y}_k^0 - \widetilde{Y}_j^0)}{2\sqrt{(\widetilde{X}_k^0 - \widetilde{X}_j^0)^2 + (\widetilde{Y}_k^0 - \widetilde{Y}_k^0)^2}} = \frac{\Delta Y_{jk}}{S} = \sin\alpha_{jk}^0 \tag{5-21}$$

式（5-21）也可写为

$$S_{jk} + V_{jk} = -\cos\alpha_{jk}^0 x_j - \sin\alpha_{jk}^0 y_j + \cos\alpha_{jk}^0 x_k + \sin\alpha_{jk}^0 y_k + \sqrt{(\widetilde{X}_k^0 - \widetilde{X}_j^0)^2 + (\widetilde{Y}_k^0 - \widetilde{Y}_j^0)^2} \tag{5-22}$$

得该观测值误差方程为

$$V_{jk} = -\cos\alpha_{jk}^0 x_j - \sin\alpha_{jk}^0 y_j + \cos\alpha_{jk}^0 x_k + \sin\alpha_{jk}^0 y_k \\ + \sqrt{(\widetilde{X}_k^0 - \widetilde{X}_j^0)^2 + (\widetilde{Y}_k^0 - \widetilde{Y}_j^0)^2} - S_{jk} \tag{5-23}$$

当 j 点已知时，该观测值误差方程为

$$V_{jk} = \cos\alpha_{jk}^0 x_k + \sin\alpha_{jk}^0 y_k + \sqrt{(\widetilde{X}_k^0 - \widetilde{X}_j^0)^2 + (\widetilde{Y}_k^0 - \widetilde{Y}_j^0)^2} - S_{jk} \tag{5-24}$$

当 k 点已知时，该观测值误差方程为

$$V_{jk} = -\cos\alpha_{jk}^0 x_j - \sin\alpha_{jk}^0 y_j + \sqrt{(\widetilde{X}_k^0 - \widetilde{X}_j^0)^2 + (\widetilde{Y}_k^0 - \widetilde{Y}_j^0)^2} - S_{jk} \tag{5-25}$$

5.3.4 导线网观测误差方程式

在导线网中有两类观测值，即边长观测值和角度观测值，所以导线网是一种边角同测

网。在导线网中角度观测值的误差方程，其组成与测角网坐标平差的误差方程相同，边长观测值的误差方程，其组成与测边网坐标平差的误差方程相同。因此，导线网中观测值的误差方程列式也与测角网、测边网的相同。

5.4 导线网间接平差程序功能设计

导线网间接平差程序具有数据读入、导线网分析、误差方程建立、平差解算及结果输出等功能。读入的数据主要有控制点、观测角度、观测边等数据。导线网分析需要分析出未知点、观测边及观测角的具体信息。需要建立出边长观测值及角度观测值的误差方程。平差解算需要解算出待定点坐标、角度观测值、距离观测值的平差值。结果输出以文本信息及图形两种形式输出，文本主要有平差结果和平差精度，图形主要表达了导线网的点线位置及其相互关系。图 5-5 给出了导线网间接平差程序主要功能的模块结构。

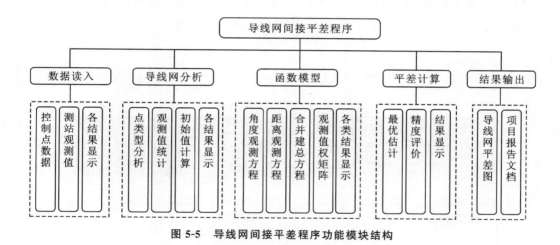

图 5-5 导线网间接平差程序功能模块结构

5.4.1 导线网数据操作

1. 数据读入

导线网间接平差数据主要涉及已知控制点数据和导线网观测数据。控制点数据的格式为点名，X 坐标，Y 坐标，Z 坐标，为方便后续平差计算，控制点坐标以 m 为单位存储，该数据格式样例如图 5-6 所示。导线网观测数据的格式为测站名，后视点名，前视点名，左角（°），后视方位角，前视距离，该数据格式样例如图 5-7 所示。需要注意的是，导线的前视距离、后视距离单位为 m，角度单位为度。此外，没有数值的观测量我们用负数进行表示。

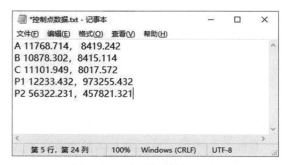

图 5-6 控制点数据格式

图 5-7 导线观测数据格式

2. 结果输出

为了验证读入数据的正确性，需要对读入数据进行输出。为了更好地与原始数据进行对比，将度为单位的角度转换为度分秒格式，输出结果如图 5-8 所示。

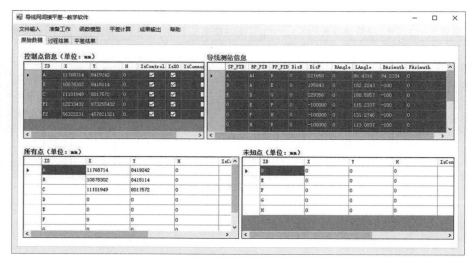

图 5-8 读入数据显示与导线网分析

5.4.2 导线网数据分析

为了方便后续建立误差方程，需要对导线网数据进行分析。导线网数据分析主要是依据控制点数据以及观测数据进行分析。分析内容为导线网中点类型、未知点初值计算、导线网测站信息更新等内容。导线网分析的方法与水准网分析的方法相似，基本思路为：

（1）提取观测数据点。遍历每个导线测站提取观测数据中每个测站数据的点名（测站点、后视点与前视点），并去掉所有重复点名。

（2）确定点的类型。依据控制点文件给出的控制点信息，通过与观测点对比，可以分析出导线网中的控制点及待定点。

(3) 确定观测值。导线网中的观测值为距离观测值和角度观测值。距离观测值除观测距离外，还需要记录测段两端点信息。角度观测值除角度观测值外，还需要记录构成角度的三个端点信息。这些值都是导线网测站信息的一部分，为了后续平差计算，需要单独提取与存储这两类观测值信息。

(4) 未知参数确定及初始值计算。导线网中的未知参数为待定点坐标。应用间接平差解算这些未知数，需要给出这些未知数的初始值。待定点坐标的初始值主要依据已知的控制点坐标及导线网测站观测数据实现。具体方法将在导线网间接平差初值计算方法中描述。

(5) 导线网测站信息更新。当导线网未知点坐标计算完成后，需要将这些未知点坐标及控制点坐标更新到导线网测站信息中，这样有利于建立间接平差观测方程。

(6) 结果输出。结果输出包括导线网导线点信息、观测值、未知数以及未知数初值等内容。导线点信息包括导线网中点的数量及类型信息。例如，导线网中点数量为 n_1 个，控制点数量为 n_2 个，分别为 $A, B, C, \cdots$，待定点数量为 n_3 个，分别为 $P_1, P_2, \cdots, P_{n_3}$。角度观测值和距离观测值也分别被管理与显示。未知数指的是未知点在 X、Y 方向的坐标，需要注意这些点在变量中的存储位置。图 5-8 和图 5-9 为导线网数据分析后的结果样例。

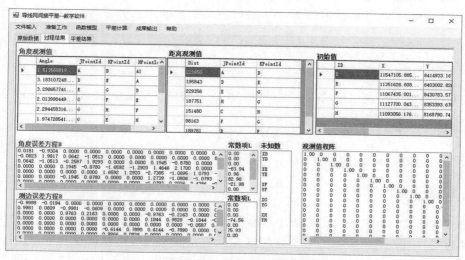

图 5-9　导线网数据分析及观测方程建立结果

5.4.3　间接平差函数模型构建

导线网的间接平差函数模型包括角度观测误差方程、距离观测误差方程以及观测值权阵。为了更好地理解观测误差方程的建立方法，可以把两类观测误差方程分别建立，然后再进行合并，形成总的误差方程。

1. 角度观测方程

对于角度观测值，导线网列间接平差观测误差方程的步骤如下：

(1) 计算各待定点的近似坐标 X_0，Y_0；

(2) 由待定点的近似坐标和已知点的坐标计算各观测边的近似坐标方位角 α_0 和近似边长 S_0；

(3) 列出各观测边的坐标方位角改正数方程，并计算其系数；

(4) 按照式（5-18）列出角度观测误差方程。

2. 距离观测方程

对于距离观测值，导线网列间接平差观测误差方程的步骤如下：

(1) 依据待定点初值计算距离的近似值；

(2) 计算两个端点在 X 方向和 Y 方向的差值；

(3) 依据式（5-23）完成距离观测方程系数计算。

需要说明的是，控制点的观测误差方程系数为零，不需要计算。

3. 合并观测方程

在角度观测方程和距离观测方程建立的过程中，它们的未知数相同、位置顺序也一致，这也是必须要关注的问题。因此，可以将两类观测方程合并，得到最终的间接平差观测方程。观测方程合并后，总系数矩阵 B 和 l 的行数是原来两个系数矩阵行数的和，列数保持不变。

4. 观测值定权

确定角度观测和距离测量的权，设单位权中误差与角度测量中误差相等，也就是角度的权 $P_{\beta_i} = \dfrac{\sigma_0^2}{P_\beta^2} = 1$，各导线边的权为 $P_{S_i} = \dfrac{\sigma_0^2}{\sigma_{s_i}^2}$。一般情况下，$\sigma_0$ 大小为测距的平均值，合理的 σ_0 取值，会使观测值的权值接近 1.0。

5.4.4 间接平差计算

平差计算主要包括参数最优值估计和精度评价。参数最优值估计主要包括待定点坐标平差值以及角度、距离观测值的平差值。精度评价主要是利用协因数阵乘以验后方差对未知数、观测值及它的平差值进行精度评价。另外，还利用点位中误差及误差椭圆的形式表达导线网间接平差精度。

5.4.5 结果输出

结果输出主要包括导线网图形输出和项目报告输出。导线网图形给出了导线网的空间分布以及未知参数的平差精度。项目报告利用图表以及文本表示导线网观测值、参数估计值和参数精度，并以文本文件的形式进行输出。

5.5 导线网间接平差程序类的设计与实现

导线网间接平差程序主要由导线网数据读入类、导线网间接平差应用类、间接平差类和结果输出类等主要类组成，其中间接平差类在 3.5 节已经给出了详细代码，这里不再赘述。

5.5.1 导线网数据读入类的设计与实现

导线网数据读入类的主要功能是读入控制点数据和导线网观测数据，对这些数据进行存储管理，并显示数据读入的内容。该类的定义如下：

代码片段 5-1：

```csharp
public class DataRead
{
    public Dictionary<string, Point> PointsCtrl = new Dictionary<string, Point>();
    publicList<SurveyStation> HNS_Stations = new List<SurveyStation>();
    public void DR_Points(string FileName)       {……}
    public void Show_Points( )                   {……}
    public void DR_SurveyStation(string FileName) {……}
    public void Show_SurveyStation(string FileName) {……}
}
```

在这个类中，定义了具有 public 作用域的 PointsCtrl、HNS_Stations 两个字段和 DR_Points()、Show_Points()、DR_SurveyStation()、Show_SurveyStation() 四个方法。

PointsCtrl、HNS_Stations 两个字段的作用是存管控制点数据和导线网测站观测数据。PointsCtrl 字段的类型为 Dictionary<string, Point>，HNS_Stations 字段的类型为 List<SurveyStation>。定义泛类型字段的目的主要是方便后续程序对成员变量的操作。例如，Dictionary<string, Point>类型可以通过点名查询、操作控制点。

DR_Points()、DR_SurveyStation() 两个方法的作用是读取控制点数据和导线网观测数据。Show_Points()、Show_SurveyStation() 两个方法的作用分别是显示控制点和导线网观测数据的结果。受篇幅限制，下面仅给出 DR_Points()、DR_SurveyStation() 两个方法的部分代码。

代码片段 5-2：

```csharp
public void DR_Points(string FileName)
{
    FileStream fs1 = new FileStream(FileName, FileMode.Open);
    StreamReader MyReader = new StreamReader(fs1, Encoding.UTF8);
    while (MyReader.EndOfStream ! = true)
    {
        string Temp = MyReader.ReadLine();
        List<string> TempString = Temp.Split(new char[3] {',' ,',' ,' '},
            StringSplitOptions.RemoveEmptyEntries).ToList<string>();
        //ID,X,Y
        PointsCtrl.Add(TempString[0].Trim(), new Point
        {
```

```csharp
            ID = TempString[0].Trim(),
            X = double.Parse(TempString[1].Trim()),
            Y = double.Parse(TempString[2].Trim()),
            IsControlP = true});
    }
    MyReader.Close();
    fs1.Close();
}
```

代码片段 5-3：

```csharp
public void DR_SurveyStation(string FileName)
{
    FileStream fs = new FileStream(FileName, FileMode.Open);//定义文件流类
    StreamReader MyReader = new StreamReader(fs, Encoding.ASCII);//定义读取类
    while (MyReader.EndOfStream != true)//文件不到最后,逐行读取文件信息
    {
        string Temp = MyReader.ReadLine();
        List<string> TempString = Temp.Split(new char[] {',' ,';' ,' '},
            StringSplitOptions.RemoveEmptyEntries).ToList<string>();
        HNS_Stations.Add(new H_N_SurveyStation_Original//添加测站元素
            {   SP = TempString[0],//测站点名
                BP = TempString[1],//后视点名
                FP = TempString[2],//前视点名
                LAngle = TempString[3],//将度分秒转成弧度赋值给左角
                DisB = double.Parse(TempString[4]),//后视距离
                DisF = double.Parse(TempString[5])//前视距离
            });
    }
    MyReader.Close();//文件流关闭
    fs1.Close();//文件关闭
}
```

5.5.2 导线网分析类的设计与实现

导线网分析类（TraverseNetworkAnalisis）的主要功能是导线网点信息（控制点、未知点）提取和导线点坐标初始值计算。在这个类中定义了 8 个字段和 5 个方法。用这些字段和方法接收导线网数据，并对网中的点信息、测站信息和未知数据初值进行分析计算。

代码片段 5-4：

```csharp
public class TraverseNetworkAnalisis()
{   //分析数据
    public Dictionary<string, Point> CtrPoints = new Dictionary<string, Point>();
```

```
public List<T_N_SurveyStation> TNS_StaInfo_P = new List<T_N_SurveyStation>();
//点信息分析结果
public Dictionary<string, Point> AllPointsNet = new Dictionary<string, Point>();
public Dictionary<string, Point> unKnowPointsNet = new Dictionary<string, Point>();
public Dictionary<string, Point> CtrPointsNet = new Dictionary<string, Point>();
//角度观测值、距离观测值分析结果
public List<AngleObservationClass> AngleObserList = new List<AngleObservationClass>();
public List<DistanceObservationClass> DistObserList = new
    List<DistanceObservationClass>();
public void Get_PointInfo()               { …… }
public void Get_TraverseNetObservations()  { …… }
public void X0Y0Calculate()               { …… }
public void PerfectStationInfos()         { …… }
}
```

这个类中的 CtrPoints 和 TNS_StaInfo_P 字段为公有字段，它们的功能是为导线网分析提供初始数据。AllPointsNet、unKnowPointsNet 和 CtrPointsNet 也为公有字段，功能是存储导线网内所有点、未知点和控制点信息。使用 Dictionary 数据类型对这些点进行存储管理，是因为该泛类型具有排序、查找、更新等方法，容易实现点数据的操作。AngleObserList 和 DistObserList 为角度观测值和距离观测值存储字段，角度观测值和距离观测值为自定义的类型，利用 List<> 数据类型管理这些数据。List<> 数据类型容易确定元素的位置，方便操作观测误差方程系数。

Get_PointInfo() 的功能是统计导线网中的点信息，进而确定未知点参数。Get_TraverseNetObservations() 的功能是获取导线网角度观测值和距离观测值，并将结果存储到 AngleObserList 和 DistObserList 字段。X0Y0Calculate() 方法的功能是依据导线网内的控制点、观测角度和距离，计算未知点坐标，并将计算结果存储到 unKnowPointsNet 字段。PerfectStationInfos() 方法的功能是完善导线网测站信息，为了不破坏原始数据，将更新后得到的测站数据利用 TNS_StationsInfo_P 字段管理。该字段为公有字段，方便其他类调用。

下面对上述方法给出详细代码，并对关键语句进行注释。

1. Get_PointInfo() 方法实现

Get_PointInfo() 方法的功能是提取导线网所有点信息，通过 Point 类中的 IsControl 属性进行标识，详细代码如下：

代码片段 5-5：

```
public void Get_PointInfo()//获取导线网中的点信息
{
    foreach (var SC in TNS_StationsInfo_P)//遍历每个测站
    {
```

```
    SC.LAngle = Tool_Class.Deg_DMSToRad(SC.LAngle);//度分秒转为弧度以方便使用
    if (SC.BAzimuth > 0)//为 true 表示后视方位角有值也要将其转换为弧度
    {
        SC.BAzimuth = Tool_Class.Deg_DMSToRad(SC.BAzimuth);
    }
    //测站三个点若是控制点,加入相应信息
    if (CtrPoints.Keys.Contains(SC.SP.ID)) SC.SP = CtrPoints[SC.SP.ID];
    if (CtrPoints.Keys.Contains(SC.FP.ID)) SC.FP = CtrPoints[SC.FP.ID];
    if (CtrPoints.Keys.Contains(SC.BP.ID)) SC.BP = CtrPoints[SC.BP.ID];
    if (!AllPointsNet.Keys.Contains(SC.SP.ID))//对测站点判断是否包含
        { AllPointsNet.Add(SC.SP.ID, SC.SP); }
    if (!AllPointsNet.Keys.Contains(SC.FP.ID))//对前视点判断是否包含
        {AllPointsNet.Add(SC.FP.ID, SC.FP); }    }
//按照关键词升序
AllPointsNet = AllPointsNet.OrderBy(o => o.Key).ToDictionary(p => p.Key, p => p.Value);
foreach (var item in AllPointsNet)//遍历导线网中的所有点
{
    if (item.Value.IsControl)//判断这些点是不是控制点并分别存储
    {
        CtrPointsNet.Add(item.Key, item.Value);
    }
    else
    {
        unKnowPointsNet.Add(item.Key, item.Value);
    }
}
//控制点按关键词点名排序,在整个程序运行中保持不变
CtrPointsNet = CtrPointsNet.OrderBy(o => o.Key).ToDictionary(p => p.Key, p => p.Value);
//未知点按关键词点名排序,在整个程序运行中保持不变
unKnowPointsNet = unKnowPointsNet.OrderBy(o => o.Key).ToDictionary(p => p.Key, p => p.Value);
}
```

2. Get_TraverseNetObservations() 方法实现

Get_TraverseNetObservations() 方法的功能是提取导线网观测角度和观测距离。它使用循环遍历的方法在导线网测站信息中提取观测角度和观测距离。两类观测值结果分别存放在 List<> 类型的 AngleObserList、DistObserList 两个变量中。

需要注意的是,在数据组织中要标记清楚观测的是左角还是右角,观测距离是前视距离还是后视距离。另外,角度观测值和距离观测值用自定义的 AngleObservationClass 和 DistanceObservationClass 两个类存储。

代码片段 5-6：

```
public void Get_TraverseNetObservations()//获取导线网信息
{
  foreach (var item in TNS_StationsInfo_P)
  {
    if (item.LAngle > 0) //统计角度观测值
    {
       AngleObserList.Add(new AngleObservationClass
                {
                    Angle = item.LAngle,
                    HPoint = item.BP,
                    JPoint = item.SP,
                    KPoint = item.FP});
             }
       if (item.DisF>0)//统计距离观测值
       {
           DistObserList.Add(new DistanceObservationClass
              {Dist = item.DisF,
JPoint = item.SP,
KPoint = item.FP });
         }
     }
}
```

3. X0Y0Calculate() 方法实现

X0Y0Calculate() 方法依据导线网内的控制点、观测角度和距离，计算未知点坐标，并将计算结果存储到 unKnowPointsNet 字段。待定点坐标主要用来作为间接平差未知数的初始值。主要步骤如下：

（1）在所有测站中查找测站点有坐标、后视有方向的测站；
（2）依据测站点坐标、后视方位角及前视距离计算前视点坐标；
（3）将前视点坐标在未知点变量及导线网测站信息中更新；
（4）判断未知点是否有初值，如果没有继续步骤（1），否则计算结束。

代码片段 5-7 给出了这个方法的具体代码，并对主要语句进行了说明。

代码片段 5-7：

```
//计算待定点坐标初始值
public void X0Y0Calculate()
{
  bool ISunknowP = true;//是否有未知点
```

```csharp
while (ISunknowP)
{
    ISunknowP = false;
    foreach (var SIP in TNS_StationsInfo_P)
    {
        if (SIP.SP.IsX0 && (SIP.BAzimuth > 0 || SIP.SP.IsX0 && SIP.BP.IsX0))
        {
            if(SIP.SP.IsX0 && SIP.BP.IsX0)
            {
                SIP.BAzimuth = Tool_Class.IIPointFW(SIP.SP, SIP.BP);
            }
            if (SIP.DisF > 0)//前视距有观测值
            {
                double temp = SIP.BAzimuth + SIP.LAngle;
                if (temp > 2 * Math.PI) temp = temp - 2 * Math.PI;
                SIP.FAzimuth = temp;
                Point TemPoint = new Point();
                TemPoint = Tool_Class.AzimuthDistToP(SIP.SP, SIP.FAzimuth, SIP.DisF);
                if (SIP.FP.IsX0 && ! SIP.BP.IsControlP)
                {
                    SIP.FP.X = (TemPoint.X + SIP.FP.X)/2;
                    SIP.FP.Y = (TemPoint.Y + SIP.FP.Y)/2;
                }
                else
                {
                    SIP.FP.X = TemPoint.X;
                    SIP.FP.Y = TemPoint.Y;
                }
                SIP.FP.IsControlP = false;//对初值点信息赋值
                SIP.FP.IsX0 = true;
                unKnowPointsNet[SIP.FP.ID] = SIP.FP;
                foreach (var item in TNS_StationsInfo_P)//使用新结果实时更新导线网
                {
                    if (item.FP.ID == SIP.FP.ID) item.FP = SIP.FP;
                    if (item.SP.ID == SIP.FP.ID) item.SP = SIP.FP;
                    if (item.BP.ID == SIP.FP.ID) item.BP = SIP.FP;
                }
            }
        }
    }
    foreach (var item in unKnowPointsNet)//判断未知数是否还有未计算的
```

```
        {
            if (! item. Value. IsX0)
            {
                ISunknowP = true;
            }
        }
    }
}
```

4. PerfectStationInfos() 方法实现

未知参数初值计算完成后,需要将这些值连同控制点信息更新到测站观测信息中。此外,测站信息中观测角度单位为度、分、秒,这不利于程序后续计算,需要将其转换为弧度。因此,利用 PerfectStationInfos() 方法实现上述的必要处理。度分秒转换成弧度的方法在 2.5 节已经给出了具体实现过程,代码片段 5-8 给出了这个方法实现的具体代码。

代码片段 5-8:

```
private void PerfectStationInfos()
{
    foreach (var TC in TNS_StationsInfo_P)
    {//度分秒转换成弧度
        TC. LAngle=Tool_Class. Deg_DMSToRad(TC. LAngle);
        TC. FAzimuth =Tool_Class. Deg_DMSToRad(TC. FAzimuth);
        TC. BAzimuth =Tool_Class. Deg_DMSToRad(TC. BAzimuth);
        if (KnowPointsNet. Keys. Contains(TC. SP. ID)) TC. SP = KnowPointsNet[TC. SP. ID];
    }
}
```

5.5.3 导线网观测方程类的设计与实现

导线网观测方程类的主要功能是根据角度观测值和距离观测值建立角度观测误差方程和距离观测误差方程。在这个功能中需要有待定点坐标的初始值、角度观测值和距离观测值。待定点坐标初值、角度观测值和距离观测值在 5.5.2 小节中已经通过 TraverseNetworkAnalisis 类中的 Get_TraverseNetObservations() 方法和 X0Y0Calculate() 方法得以实现。角度观测误差方程和距离观测误差方程的建立可以参考 5.3 节的内容。该类的定义如下:

代码片段 5-9:

```
public class TraverseNetObservationEquation()// 建立导线网观测误差方程类
{
    public List<AngleObservationClass> AngleObserList = new List<AngleObservationClass>();
    public List<DistanceObservationClass> DistObserList = new List<DistanceObservationClass>();
    public Dictionary<string, Point> unKnowPointsNet = new Dictionary<string, Point>();
```

```
        public Dictionary<string, Point> CtrPointsNet = new Dictionary<string, Point>();
        public Matrix Ba { get; set; }
        public Matrix la { get; set; }
        public Matrix Bd { get; set; }
        public Matrix ld { get; set; }
        public Matrix B { get; set; }
        public Matrix l { get; set; }
        public Matrix P { get; set; }
        public void AngleErrorEquations(){ 略 }
        public void DistErrorEquations(){略}
        public void AllErrorEquations(){略}
}
```

在这个类中定义了4个字段、7个属性和3个方法。4个公有字段 AngleObserList、DistObserList、unKnowPointsNet 和 CtrPointsNet 的主要功能是为建立导线网间接平差观测方程提供基础数据，这些数据主要通过导线网分析类（TraverseNetworkAnalisis）中的方法获取。导线网观测方程利用7个属性来存储管理角度观测方程、距离观测方程、总的观测方程各系数矩阵以及观测值权阵。AngleErrorEquations（）方法是建立角度观测值的误差方程，DistErrorEquations（）方法是建立距离观测值的误差方程，AllErrorEquations（）是合并上述两类观测方程，形成总的导线网观测方程。这三个方法的实现过程如下：

1. AngleErrorEquations（）方法实现

AngleErrorEquations（）方法的主要功能是依据三个端点坐标及角度观测值建立导线网角度观测方程，角度观测值建立观测方程式如式（5-18）所示。角度观测值观测方程系数矩阵利用 List<List<double>> Ba 和 List<List<double>> la 两个类型的字段来管理。嵌套类型的 List<> 类型变量可以转换成矩阵，并且 List<> 类型变量方便管理观测方程矩阵系数。角度观测值观测方程建立的步骤如下：

(1) 循环遍历每个角度观测值，并提取三个端点的近似坐标；
(2) 计算两条边的近似距离，X、Y方向的差值，按照式（5-18）计算每个点坐标改正值系数；
(3) 依据近似坐标计算两条边的方位角，使用差值法计算角度观测值的近似值，本程序按照左角计算；
(4) 按照观测值减去近似值的规律，求解观测方程的常数项；
(5) 按照未知点的顺序和观测值的顺序将观测方程的系数存储到矩阵中。

代码片段 5-10 给出了这个方法的具体代码，并对主要语句进行了说明。

代码片段 5-10：

```
//根据观测角度建立误差方程//单位统一到米,角度统一到秒
public   void AngleErrorEquations()
{
```

```csharp
updateAngleOber();//将未知点坐标近似值、已知点坐标信息更新到角度观测值信息中
List<List<double>> Ba = new List<List<double>>();//观测方程系数 B
List<List<double>> la = new List<List<double>>();//观测方程常数项 l
List<string> x = new List<string>();//中间变量
double S0_jk, S0_jh;
double dertaX0_jk,dertaY0_jk;
double dertaX0_jh,dertaY0_jh;
double bxj, byj, bxk, byk, bxh, byh;//中间变量,用来存放每个点坐标改正数系数
const double rou = 206265;//将弧度转换成秒
List<double> lj = new List<double>();//一维变量
    foreach (var item in AngleObserList)
        {Dictionary<string, double> IDB = new Dictionary<string, double>();
        foreach (var item1 in unKnowPointsNet)
                { IDB.Add(item1.Key +"x", 0);
                   IDB.Add(item1.Key +"y", 0); }//用词典类型记录未知点的位置
        S0_jk =Tool_Class.distIIP(item.JPoint, item.KPoint);
        S0_jh =Tool_Class.distIIP(item.JPoint, item.HPoint);
        dertaX0_jk = item.KPoint.X － item.JPoint.X;
        dertaY0_jk = item.KPoint.Y － item.JPoint.Y;
        dertaX0_jh = item.HPoint.X － item.JPoint.X;
        dertaY0_jh = item.HPoint.Y － item.JPoint.Y;
        bxj = rou * (dertaY0_jk / (S0_jk * S0_jk) － dertaY0_jh / (S0_jh * S0_jh));
        byj = －rou * (dertaX0_jk / (S0_jk * S0_jk) － dertaX0_jh / (S0_jh * S0_jh));
        bxk = －rou * (dertaY0_jk / (S0_jk * S0_jk));
        byk = rou * (dertaX0_jk / (S0_jk * S0_jk));
        bxh = rou * dertaY0_jh / (S0_jh * S0_jh);
        byh = －rou * dertaX0_jh / (S0_jh * S0_jh);
        //计算观测方程系数
    double L0 = Tool_Class.IIPointFW(item.JPoint, item.KPoint) －
Tool_Class.IIPointFW(item.JPoint, item.HPoint);
    double L = item.Angle;
    if (L0 < 0) L0 = L0 + Math.PI * 2;
    if (item.JPoint.IsControlP) L0 = item.Angle;
    lj.Add(rou*(item.Angle － L0));
    //计算常数项,也是按照观测值的顺序存放常数项
    if (IDB.Keys.Contains(item.HPoint.ID + "x")) IDB[item.HPoint.ID + "x"] = bxh;
    if (IDB.Keys.Contains(item.HPoint.ID + "y")) IDB[item.HPoint.ID + "y"] = byh;
    if (IDB.Keys.Contains(item.JPoint.ID + "x")) IDB[item.JPoint.ID + "x"] = bxj;
    if (IDB.Keys.Contains(item.JPoint.ID + "y")) IDB[item.JPoint.ID + "y"] = byj;
    if (IDB.Keys.Contains(item.KPoint.ID + "x")) IDB[item.KPoint.ID + "x"] = bxk;
    if (IDB.Keys.Contains(item.KPoint.ID + "y")) IDB[item.KPoint.ID + "y"] = byk;
```

```
        //利用词典查找功能将未知数系数放到对应点的位置
        List<double> EquationRow = new List<double>();//一维向量记录观测方程系数
        foreach (var item2 in IDB)
        { EquationRow.Add(item2.Value); }
        Ba.Add(EquationRow); }//用二维向量记录所有观测方程系数
        double[,] templa = new double[lj.Count, 1];
        int i = 0;
        foreach (var item in lj)
          {templa[i, 0] = item;
           i = i + 1; }//一维向量转换成二维向量
        this.Ba = new Matrix(Ba);//二维向量转换成二维矩阵
        this.la = new Matrix(templa);
}
```

2. DistErrorEquations() 方法实现

DistErrorEquations() 方法的主要功能是依据视距距离两个端点坐标建立导线网距离观测方程，距离观测值建立观测方程如式（5-23）所示。距离观测值观测方程的结果利用 List<List<double>> Bd 和 List<List<double>> ld 两个类型的字段来管理。导线网距离观测误差方程与角度观测误差方程的思路一致，这里不再赘述，仅给出详细代码。

代码片段5-11：

```
public void DistErrorEquations()
{
    updateDistOber();
    List<List<double>> Bd = new List<List<double>>();//存放方法观测误差方程结果
    List<List<double>> ld = new List<List<double>>();//存放方法观测误差方程结果
    double S0_jk;
    double dertaX0_jk, dertaY0_jk;
    double bxj, byj, bxk, byk;//未知数系数
    List<double> l = new List<double>();//一维变量常数项
    foreach (var item in DistOberList)//遍历每条观测边
    {
        List<double> EquationRow = new List<double>();//一维变量存放观测方程系数
        S0_jk = Tool_Class.distIIP(item.JPoint, item.KPoint);//计算近似距离
        dertaX0_jk = item.KPoint.X - item.JPoint.X;
        dertaY0_jk = item.KPoint.Y - item.JPoint.Y;
        bxj = -dertaX0_jk/S0_jk; //计算未知数系数
        byj = -dertaY0_jk/S0_jk; //计算未知数系数
        bxk = -bxj; //计算未知数系数
        byk = -byj;//计算未知数系数
```

```
        l.Add(item.Dist- S0_jk);//计算常数项,顺序是观测值存放顺序
        Dictionary<string, double> IDB = new Dictionary<string, double>();
        foreach(var item1 in unKnowPointsNet)//利用 Dictionary 类型标记未知点存放顺序
        {
           IDB.Add(item1.Key +"x", 0);
           IDB.Add(item1.Key + "y", 0);
        }
        if (IDB.Keys.Contains(item.JPoint.ID + "x")) IDB[item.JPoint.ID + "x"] = bxj;
        if (IDB.Keys.Contains(item.JPoint.ID + "y")) IDB[item.JPoint.ID + "y"] = byj;
        if (IDB.Keys.Contains(item.KPoint.ID + "x")) IDB[item.KPoint.ID + "x"] = bxk;
        if (IDB.Keys.Contains(item.KPoint.ID + "y")) IDB[item.KPoint.ID + "y"] = byk;
        //记录未知数系数
        foreach (var item2 in IDB.Values)//转换成 List<>类型一维向量
          {
             EquationRow.Add(item2);
          }
        Bd.Add(EquationRow);            }//多个一维向量构成二维向量
        double[,] templd = new double[l.Count, 1];
        int i = 0;
        foreach (var item in l)
        {
            templd[i, 0] = item;
            i = i + 1;
        }//一维向量转换成二维向量
    }
    this.Bd = new Matrix(Bd);//二维向量转换成矩阵
    this.ld = new Matrix(templd); //二维向量转换成矩阵
}
```

3. AllErrorEquations() 方法实现

AllErrorEquations() 方法的功能是将角度观测方程和距离观测方程合并成总的观测方程。这两类方程系数矩阵 B 的列数相同、未知数相同(包括顺序)、常数项列数为一列。因此,两类方程的合并仅需要合并系数矩阵 B 和常数项 l,合并前后的列数不变,行数是系数矩阵 B 和常数项 l 的和。

代码片段 5-12 给出了这个方法实现的具体代码,并对主要语句进行了注释。

代码片段 5-12:

```
public void AllErrorEquations()//合并角度和距离两类误差方程
{
    double[,] TempMatrixB =new double[Ba.Rows+ Bd.Rows,Ba.Cols]; //定义总的系数项 B
```

```
    double[,] TempMatrixl = new double[la.Rows + ld.Rows, 1];//定义总的常数项 l
    for (int i = 0; i < Ba.Rows; i++)
    {
        for (int j = 0; j < Ba.Cols; j++)
        {
            TempMatrixB[i, j] = Ba[i, j]; }//角度观测方程系数 Ba 赋值给总的系数项 B
            TempMatrixl[i,0] = la[i,0];    }//角度观测方程常数项 la 赋值给总的常数项 l
            for (int i = Ba.Rows; i < Ba.Rows + Bd.Rows; i++)
            {
                for (int j = 0; j < Ba.Cols; j++)
                {
                    TempMatrixB[i, j] = Bd[i - Ba.Rows, j];
                }//距离观测方程系数 Bd 赋值给总的系数项 B
                TempMatrixl[i, 0] = ld[i - Ba.Rows, 0];
            }//距离观测方程常数项 ld 赋值给总的常数项 l
            this.B = new Matrix(TempMatrixB); //二维数组转换为矩阵类型
            this.l = new Matrix(TempMatrixl); //二维数组转换为矩阵类型
}
```

4. 其他方法实现

在 AngleErrorEquations ( ) 和 DistErrorEquations ( ) 方法中分别用到了 updateAngleOber ( ) 和 updateDistOber ( ) 方法。这两个方法是导线网误差方程建立类（ErrorEquationTraNet）的私有方法，主要功能是将待定点坐标的初值添加到角度观测值和距离观测值变量中去。它们主要使用遍历的方法完成信息更新，代码片段 5-13 给出了上述两个方法的具体实现过程。

代码片段 5-13：

```
internal void updateAngleOber( )//角度观测值更新
{
    foreach (var item in AngleObserList)
    {
        if (unKnowPointsNet.Keys.Contains(item.HPoint.ID)) item.HPoint = unKnowPointsNet[item.HPoint.ID];
        if (unKnowPointsNet.Keys.Contains(item.JPoint.ID)) item.JPoint = unKnowPointsNet[item.JPoint.ID];
        if (unKnowPointsNet.Keys.Contains(item.KPoint.ID)) item.KPoint = unKnowPointsNet[item.KPoint.ID];
    }
}
internal void updateDistOber( )//距离观测值更新
{
```

```
    foreach (var item in DistObserList)
    {
        if (unKnowPointsNet. Keys. Contains(item. JPoint. ID)) item. JPoint =
unKnowPointsNet[item. JPoint. ID];
        if (unKnowPointsNet. Keys. Contains(item. KPoint. ID)) item. KPoint =
unKnowPointsNet[item. KPoint. ID];
    }
}
```

5.5.4 导线网间接平差应用类的设计与实现

依据以上研究结果定义导线网间接平差应用类，这个类的主要功能是为间接平差类提供观测方程系数矩阵 B、常数项 l、观测值权阵 P、未知数初始值 X0 以及观测值 L。有了这些数据以后，就可以利用间接平差类完成未知数平差、观测值平差及其精度评价。

导线网间接平差类的定义如代码片段 5-14：

代码片段 5-14：

```
class AppofIndAdjofTraNetClass//导线网间接平差应用类
{//基本输出参数
    public Matrix B { get; set; }//误差方程系数矩阵
    public Matrix P { get; set; }//观测值权阵
    public Matrix l { get; set; }//误差方程常数项
    public Matrix X0 { get; set; }//未知数的初始值
    public Matrix L { get; set; }//观测量
    //过程输出参数
    public Matrix Ba { get; set; }//角度误差方程系数矩阵
    public Matrix la { get; set; }//角度误差方程常数项矩阵
    public Matrix Bd { get; set; }//距离误差方程系数矩阵
    public Matrix ld { get; set; }//距离误差方程常数项矩阵
    //================读取导线网观测值==================
    public Dictionary<string, Point> CtrsPoints = new Dictionary<string, Point>();
    //控制点文件数据
    public List<T_N_SurveyStation> HNS_StationsInfo_O = new List<T_N_SurveyStation>();
    //原始观测数据
    //—————————————水平网中基本信息—————————————
    public Dictionary<string, Point> AllPointsNet = new Dictionary<string, Point>();
    public Dictionary<string, Point> unKnowPontsNet = new Dictionary<string, Point>();
    public Dictionary<string, Point> ctrPontsNet = new Dictionary<string, Point>();
    public List<AngleObservationClass> AngleObserList = new List<AngleObservationClass>();
```

```
        publicList<DistanceObservationClass> DistObserList = newList<DistanceObservationClass>();
        //角度和距离观测值
        //==================主要方法==================
        internal void DataRead_ctrPoints(string FileName)      {读取控制点代码}
        internal void DataRead_SurveyStation(string FileName)  {读取测站观测数据代码}
        internal void TraverseNetAnalisis()                    {导线网分析代码}
        internal void X0Y0Calculate()                          {待定点坐标初始值计算代码}
        internal void AngleErrorEquations()                    {建立角度观测值误差方程代码}
        internal void DistErrorEquations()                     {建立距离观测值误差方程代码}
        internal void AllErrorEquations()                      {合并角度-距离误差方程代码}
        internal void ObservationP()                           {建立观测值权代码}
        internal void ObservationL()                           {建立观测值集合}
}
```

这个类中有 9 个属性、7 个字段和 9 个方法。这个类的功能是依据已知数据和观测数据利用导线网数据分析类为间接平差类提供必要的基础数据。

CtrsPoints 和 HNS_StationsInfo_O 分别存储控制点数据和导线网观测数据，这两类数据应用公有的 List<> 类型变量管理，这两个字段为导线网间接平差应用类提供了计算数据。

系数矩阵 B、常数项 l、观测值权阵 P、未知数初值 X0 及观测值 L 等 5 个属性是这个类的基本输出参数。Ba、Bd、la 及 ld 等 4 个属性分别是角度和距离观测方程系数矩阵和常数项，它们是过程（中间）输出参数。

导线网所有点集合（AllPointsNet）、导线网控制点集合（ctrPontsNet）、导线网未知点集合（unKnowPontsNet）、导线网角度观测值集合（AngleObserList）及导线网距离观测值集合（DistObserList）等 5 个字段是使用导线网分析类（TraverseNetworkAnalisis）对导线网分析的结果。其中，点的集合使用了 Dictionary<string，Point>类型的变量进行存储管理，观测值的集合使用了 List<>类型的变量进行存储管理。

这个类中的 9 个属性和 7 个字段数据内容是它的 9 个方法直接或者间接需要操作的数据。这 9 个方法主要利用数据读取类（DataRead）、导线网分析类（TraverseNetworkAnalisis）、导线网误差方程类（ErrorEquationTraNet）等类中的方法实现。9 个方法的实现过程很简单，主要由类的实例化、方法调用及结果输出等 3 个步骤组成。以下代码片段给出了上述 9 个方法的实现过程，并对主要语句进行了解释说明。

代码片段 5-15：

```
internal void DataRead_ctrPoints(string FileName)
{
    DataRead DR = new DataRead();
    DR.DR_Points(FileName);
    this.CtrsPoints = DR.PointsCtrl;
}
```

```csharp
internal void DataRead_SurveyStation(string FileName)
{
    DataRead DR = new DataRead();
    DR. DR_SurveyStation(FileName);
    this. HNS_StationsInfo_O = DR. TNS_Stations;
}
internal void TraverseNetAnalisis()
{
    TraverseNetworkAnalisisClass TNAalisis = new TraverseNetworkAnalisisClass();
    TNAalisis. CtrPoints = this. CtrsPoints;
    TNAalisis. TNS_StationsInfo_P = this. HNS_StationsInfo_O;
    TNAalisis. Get_PointInfo();
    this. AllPointsNet = TNAalisis. AllPointsNet;
    this. unKnowPontsNet = TNAalisis. unKnowPointsNet;
    this. ctrPontsNet = TNAalisis. CtrPointsNet;
    TNAalisis. Get_TraverseNetObservations();
    this. AngleObserList = TNAalisis. AngleObserList;
    this. DistObserList = TNAalisis. DistObserList;
}
internal void X0Y0Calculate()
{
    List<List<double>> ll = new List<List<double>>();
    TraverseNetworkAnalisisClass TNAalisis = new TraverseNetworkAnalisisClass();
    TNAalisis. CtrPointsNet = this. ctrPontsNet;
    TNAalisis. TNS_StationsInfo_P = this. HNS_StationsInfo_O;
    TNAalisis. unKnowPointsNet = this. unKnowPontsNet;
    TNAalisis. X0Y0Calculate();
    this. unKnowPontsNet = TNAalisis. unKnowPointsNet;
int i = 0;
    double[,] temp = new double[2 * unKnowPontsNet. Count, 1];
    foreach (var item in TNAalisis. unKnowPointsNet)
    {
        temp[2 * i, 0] = item. Value. X;
        temp[2 * i + 1, 0] = item. Value. Y;
        i = i + 1;
    }
    this. X0 = new Matrix(temp);
}
//建立角度误差方程
internal void AngleErrorEquations()
{
    ErrorEquationTraNet ErrorEquationAngle = new ErrorEquationTraNet();
```

```csharp
        ErrorEquationAngle.AngleObserList = this.AngleObserList;
        ErrorEquationAngle.unKnowPointsNet = this.unKnowPontsNet;
        ErrorEquationAngle.AngleErrorEquations();
        this.Ba = ErrorEquationAngle.Ba;
        this.la = ErrorEquationAngle.la;
    }
    //建立距离误差方程
    internal void DistErrorEquations()
    {
        ErrorEquationTraNet ErrorEquationAngle = new ErrorEquationTraNet();
        ErrorEquationAngle.DistObserList = this.DistObserList;
        ErrorEquationAngle.unKnowPointsNet = this.unKnowPontsNet;
        ErrorEquationAngle.DistErrorEquations();
        this.Bd = ErrorEquationAngle.Bd;
        this.ld = ErrorEquationAngle.ld;
    }
    internal void AllErrorEquations()//合并误差方程
    {
        ErrorEquationTraNet ErrorETraNet = new ErrorEquationTraNet();
        ErrorETraNet.Ba = this.Ba;
        ErrorETraNet.Bd = this.Bd;
        ErrorETraNet.la = this.la;
        ErrorETraNet.ld = this.ld;
        ErrorETraNet.AllErrorEquations();
        this.B = ErrorETraNet.B;
        this.l = ErrorETraNet.l;
    }
    internal void ObservationP()//建立观测值权阵
    {
        double[,] P = new double[DistObserList.Count + AngleObserList.Count, DistObserList.Count + AngleObserList.Count];
        double derta = 100;
        double dist;
        for (int i = 0; i < AngleObserList.Count; i++)
        {
            P[i, i] = 1;
        }
```

```
     for (int i = AngleObserList.Count; i < DistObserList.Count + AngleObserList.Count; i++)
     {
        dist = DistObserList[i - AngleObserList.Count].Dist;
        P[i, i] = derta /dist * 1000;
     }
     this.P = new Matrix(P);
  }
  internal void ObservationL()//建立观测值集合
  {
     int len = AngleObserList.Count + DistObserList.Count;
     double[,] L = new double[len, 1];
     for (int i = 0; i < AngleObserList.Count; i++)
     {
        L[i, 0] = AngleObserList[i].Angle;
     }
     for (int i = AngleObserList.Count; i < len; i++)
     {
        L[i, 0] = DistObserList[i - AngleObserList.Count].Dist;
     }
     this.L = new Matrix(L);
  }
```

5.6 导线网程序算例验证

图 5-10 所示是敷设在已知点 A、B、C 间的单节导线网，网中观测了 10 个角度和 7 条边长，起算数据及观测值见表 5-1、表 5-2。已知测角中误差 $\sigma_\beta = 10''$，边长丈量中误差 $\sigma_{S_i} = 1.0 \sqrt{S_i(m)}$（单位：mm）。试编写间接平差程序求各导线点的坐标平差值及其点位精度。

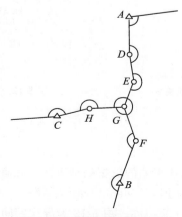

图 5-10 导线网观测示意图

表 5-1 起算数据

点名	坐标（m）		方 位 角
	X	Y	
A	11 768.714	8 419.242	$\alpha_A = 274°23'34''$
B	10 878.302	8 415.114	$\alpha_B = 8°10'27''$
C	11 101.949	8 017.572	$\alpha_C = 107°41'27''$

表 5-2 观测数据

角号	角度观测值 (° ′ ″)	角号	角度观测值 (° ′ ″)	边号	边观测值	边号	边观测值
1	86 43 16	6	123 09 05	1	221.650	6	151.480
2	182 22 43	7	131 27 46	2	195.843	7	187.751
3	188 59 57	8	165 40 29	3	229.356		
4	115 23 37	9	165 59 58	4	189.781		
5	176 33 43	10	113 08 37	5	98.163		

5.6.1 导线网数据组织

对于已知控制点数据和导线观测数据，利用 TXT 文本格式存储。控制点数据使用了点名、X 坐标、Y 坐标数据结构，如图 5-11 所示。导线观测数据使用了测站名、后视点名、前视点名、左角、后视方位角及前视距离等数据结构，如图 5-12 所示。

图 5-11 控制点数据格式

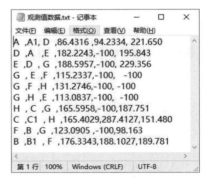

图 5-12 导线观测数据格式

5.6.2 软件主界面设计

为了展示导线网测量数据间接平差的数据处理方法，在程序设计中尽可能将中间结果展示出来。在程序界面设计中使用了 MenuStrip（菜单）、Button（按钮）、TabControl、DataGridView 及 OpenFileDialog 等控件。图 5-13 为导线网间接平差程序的主界面。

第 5 章 导线网间接平差程序设计与实现

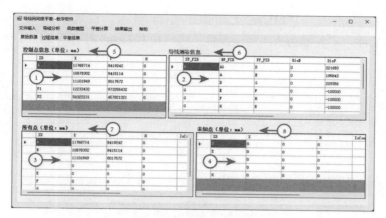

图 5-13 导线网间接平差主界面

在这个程序界面中，TabControl 控件是把三个阶段处理的数据分成三个页面进行展示。DataGridView 控件主要显示各种类型的数据。Label 控件是对文本框、数据框承载信息的说明。菜单控件提供了所有间接平差事件的入口，菜单提供的所有事件如表 5-3 所示。

表 5-3 菜单功能

一级菜单	文件输入	准备工作	函数模型	平差计算	成果输出
二级菜单	控制点数据	水平网分析	建立角度方程	平差结果	文档输出
	测站观测值	观测值统计	建立距离方程	精度评价	
	程序退出	初始值计算	合并两类方程		
			建立观测权阵		

TabControl 控件设计了原始数据、过程结果及平差结果三个 TabPage，用此展示导线网间接平差从数据读入到平差结果输出的各种数据结果。TabPages 是通过 tabControl.TabPages 属性设置的。原始数据页（tP_SourceData）包含了 4 个 DataGridView 控件和 4 个 Label 控件。因为仅是数据展示，所以并不需要过多的属性设置。

在原始数据页面中，①~④为 DataGridView 控件，⑤~⑧为 Label 控件。表 5-4 为这些控件的属性设置。

表 5-4 控件 Name 属性

控件	编号	Name 属性	控件	编号	Name 属性	Text 属性
DataGridView	①	dgv_ctrPInfos	Label	⑤	lb1	控制点信息（单位：mm）
	②	dgv_TNStationInfos		⑥	lb2	导线测站信息
	③	dgv_allPoints		⑦	lb3	所有点（单位：mm）
	④	dgv_unPoints		⑧	lb4	未知点（单位：mm）

145

过程结果 tabControl.TabPage 页面如图 5-14 所示。在这个页面中①、②及③为 DataGridView 控件，④～⑨为 ListBox 控件，⑩～h 为 Label 控件。表 5-5 为这些控件的属性设置。

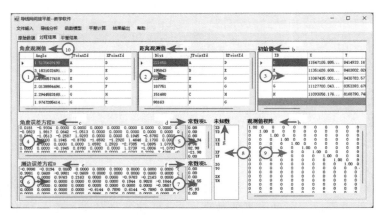

图 5-14　过程结果界面

表 5-5　控件 Name 属性

控件	编号	Name 属性	控件	编号	Name 属性	Text 属性
DataGrid View	①	dgv_AngularOber	Label	⑩	lbAngle	角度观测值
	②	dgv_DistOber		a	lbDist	距离观测值
	③	dgv_X0Y0		b	lbX0	初始值
ListBox	④	angle_error_LB		c	lbAngelF	角度误差方程 B
	⑤	LB_Anglel		d	lbAngelFl	常数项 L
	⑥	LB_Dist_error		e	lbDistB	测边误差方程 B
	⑦	LB_Distl		f	lbDistBl	常数项 L
	⑧	LB_unknownX		g	lbUnknown	未知数
	⑨	LB_ObservationP		h	lbObservationP	观测值权阵

平差结果的 tabControl.TabPage 页面如图 5-15 所示。在这个页面中，a～k 控件为 ListBox 控件，l 为 PictureBox 控件，其他的控件均为 Label 控件。表 5-6 为这些控件的属性设置。

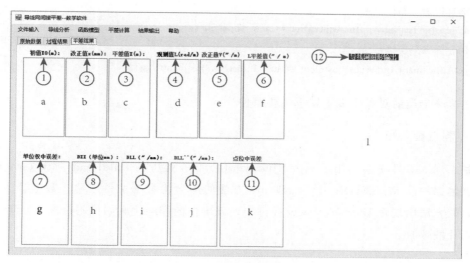

图 5-15 平差结果界面

表 5-6 控件 Name 属性

控件	编号	Name 属性	Text 属性	控件	编号	Name 属性
Label	①	lb_ResutX0	初值 X0（m）：	ListBox	a	Initialvalue_LB
	②	lb_Resultx	改正值 x（mm）：		b	XCValue_LB
	③	lb_ResultAX	平差值 X（m）：		c	X_adjust_LB
	④	lb_ResultL	观测值 L（rad/m）		d	ObserL_LB
	⑤	lb_ResultV	改正数 V（″/m）		e	ObserV_LB
	⑥	lb_ResultAL	L 平差值（″/ m）		f	ObserAdjast_LB
	⑦	lb_Resultm0	单位权中误差：		g	Xigema0_LB
	⑧	lb_ResultDXX	DXX（单位 mm）：		h	XAccuracy_LB
	⑨	lb_ResultDll	DLL（″/mm）：		i	LAccuracy_LB
	⑩	lbResultADLL	DLL~（″/mm）：		j	L_adjustAccuracy_LB
	⑪	lb_ResultPerr	点位中误差		k	PointAccuracy_LB
	⑫	lb_Draw	导线网图形输出	PictureBox	l	chart1

5.6.3 主要事件代码

双击菜单栏按钮，可以添加所有事件。导线网间接平差程序主要利用 AppofIndAdjofTraNet 类获取导线网间接平差需要的必要数据，应用 IndirectAdjustment 类进行间接平差计算。因此，需要在主窗体类中实例化这两个类的对象。

```
//实例化间接平差应用类
AppofIndAdjofTraNet AppIndAdjTraNet = new AppofIndAdjofTraNetClass();
//实例化间接平差类
IndirectAdjustment IndirectAdjustment = new IndirectAdjustmentClass();
```

利用这两个类的对象生成了以下主要事件。

1. 控制点读入事件

控制点读入事件主要利用了 AppofIndAdjofTraNet 类中的 DataRead_ctrPoints 方法完成控制点数据的读入。DataRead_ctrPoints 方法的形参为数据文件名称，数据读入的结果通过绑定的方法出现在 DataGridView 控件中。该事件的详细代码如代码片段 5-16 所示。

代码片段 5-16：

```
private void 控制点_Click(object sender, EventArgs e)
{
    AppIndAdjTraNet.DataRead_ctrPoints(openFile.GetOpenFileName("打开控制点数据"));
    BindingSource bs = new BindingSource();
    bs.DataSource = AppIndAdjTraNet.CtrsPoints.Values;
    this.dgv_ctrPointInfos.DataSource = bs;
}
```

2. 导线网测站数据读入事件

导线网测站数据读入事件主要利用了 AppofIndAdjofTraNet 类中的 DataRead_SurveyStation 方法完成导线网测站数据的读入。DataRead_SurveyStation 方法的形参也为数据文件名称，数据读入的结果也通过绑定的方法出现在 DataGridView 控件中。该事件的详细代码如代码片段 5-17 所示。

代码片段 5-17：

```
private void 观测数据_Click(object sender, EventArgs e)
{
    AppIndAdjTraNet.DataRead_SurveyStation(openFile.GetOpenFileName("打开测站点数据"));
    List<ViewStationClass> ViewStationInfos = new List<ViewStationClass>();
    foreach (T_N_SurveyStation SC in AppIndAdjTraNet.HNS_StationsInfo_O)
    {
        ViewStationInfos.Add(new ViewStationClass
        {
            SP_PID = SC.SP.ID,
            BP_PID = SC.BP.ID,
```

```
                FP_PID = SC.FP.ID,
                DisB = SC.DisB,
                DisF = SC.DisF,
                LAngle = SC.LAngle,
                BAzimuth = SC.BAzimuth,
                FAzimuth = SC.FAzimuth  });
        }
        BindingSource bs = new BindingSource();
        bs.DataSource = ViewStationInfos;
        this.dgv_TNStationInfos.DataSource = bs;
    }
```

在 DataGridView 控件中绑定方法不方便展示测站信息类中点类的内容，为此我们定义了显示测站信息的类。显示测站信息类与测站信息类相比仅在点的表示上有所区别，在显示测站信息类中，将点用点名表示。显示测站信息类的定义如代码片段 5-18 所示。

代码片段 5-18：

```
//显示测站信息类
public class ViewStationClass
{
    public string SP_PID { get; set; }          //测站点名
    public string BP_PID { get; set; }          //后视点名
    public string FP_PID { get; set; }          //前视点名
    public double DisB { get; set; }            //后视距离
    public double DisF { get; set; }            //前视距离
    public double RAngle { get; set; }          //右角
    public double LAngle { get; set; }          //左角
    public double BAzimuth { get; set; }        //后视方位角
    public double FAzimuth { get; set; }        //前视方位角
}
```

3. 点类型分析事件

点类型分析事件的主要目的是依据已有控制点及观测数据，分析导线网中的控制点和待定点。该事件主要利用 AppofIndAdjofTraNet 类中的 TraverseNetAnalisis() 方法实现。这个方法的返回值为 AllPointsNet 和 unKnowPontsNet，分别存储着导线网中的所有点和未知点。分析的结果同样利用数据绑定的方法在 DataGridView 控件中显示。该事件的代码如下：

代码片段 5-19：

```csharp
private void 点类型分析_Click(object sender, EventArgs e)
{
    AppIndAdjTraNet.TraverseNetAnalisis();
    BindingSource bs1 = new BindingSource();
    BindingSource bs2 = new BindingSource();
    bs1.DataSource = AppIndAdjTraNet.AllPointsNet.Values;
    bs2.DataSource = AppIndAdjTraNet.unKnowPontsNet.Values;
    dgv_allP.DataSource = bs1;
    dgv_unp.DataSource = bs2;
}
```

4. 观测值统计事件

观测值统计事件的主要功能是统计导线网中的角度观测值和距离观测值，并将两类观测值通过绑定的方法在 DataGridView 控件中显示。详细代码如下：代码片段 5-20 所示。

代码片段 5-20：

```csharp
private void 观测值统计_Click(object sender, EventArgs e)
{
    tabControl1.SelectedTab = tabControl1.TabPages[1];
    BindingSource bs3 = new BindingSource();
    BindingSource bs4 = new BindingSource();
    List<AngularObservationShowClass> angOberShow = new List<AngularObservationShowClass>();
    List<DistanceObservationShowClass> disOberShow = new List<DistanceObservationShowClass>();
    foreach (AngleObservationClass item in AppIndAdjTraNet.AngleObserList)
    {
        angOberShow.Add(new AngularObservationShowClass
            {Angle = item.Angle,
             HPointId = item.HPoint.ID,
             JPointId = item.JPoint.ID,
             KPointId = item.KPoint.ID });
    }
    foreach (DistanceObservationClass item in AppIndAdjTraNet.DistObserList)
    {
        disOberShow.Add(new DistanceObservationShowClass
            {Dist = item.Dist,
             JPointId = item.JPoint.ID,
             KPointId = item.KPoint.ID     });
    }
```

```
        bs3.DataSource = angOberShow;
        bs4.DataSource = disOberShow;
        dgv_AngularOber.DataSource = bs3;
        dgv_DistOber.DataSource = bs4;
        AppIndAdjTraNet.ObservationL();
    }
```

5. 初始值计算事件

初始值计算事件的主要功能是利用导线网中已知控制点数据和导线网观测数据计算导线网待定点坐标。该事件主要利用了 AppofIndAdjofTraNet 类中的 X0Y0Calculate() 方法，计算结果利用该类的 unKnowPontsNet 字段进行存储管理。这个事件的主要代码如下：

代码片段 5-21：

```
    private void 初始值计算_Click(object sender, EventArgs e)
    {
        AppIndAdjTraNet.X0Y0Calculate();
        BindingSource bs1 = new BindingSource();
        bs1.DataSource = AppIndAdjTraNet.unKnowPontsNet.Values;
        dgv_X0Y0.DataSource = bs1;
        foreach (var item in AppIndAdjTraNet.unKnowPontsNet)
        {
            unknownX.Items.Add('X'+item.Key.ToString());
            unknownX.Items.Add('Y' + item.Key.ToString());
            unknownX.Items.Add(" ");
        }
    }
```

6. 建立角度误差方程事件

建立角度误差方程事件的主要功能是利用导线网中已知控制点数据、待定点坐标初始值和导线网角度观测数据建立观测角度误差方程。该事件主要利用 AppofIndAdjofTraNet 类中的 AngleErrorEquations() 方法，计算结果利用该类的 Ba、la 字段进行存储管理，利用 showErrorEquation() 方法对结果进行显示。这个事件的主要代码如下：

代码片段 5-22：

```
    private void 建立角度方程_Click(object sender, EventArgs e)
    {
        AppIndAdjTraNet.AngleErrorEquations();//建立角度方程
        showErrorEquation(AppIndAdjTraNet.Ba, angle_error,"0.0000");
        showErrorEquation(AppIndAdjTraNet.la, lAngle,"0.00");
    }
```

7. 建立距离误差方程事件

建立距离误差方程事件的主要功能是利用导线网中已知控制点数据、待定点坐标初始值和导线网距离观测数据建立观测距离误差方程。该事件主要利用 AppofIndAdjofTraNet 类中的 DistErrorEquations() 方法，计算结果利用该类的 Bd、ld 字段进行存储管理，利用 showErrorEquation() 方法对结果进行显示。这个事件的主要代码如下：

代码片段 5-23：

```
private void 建立测距方程_Click(object sender, EventArgs e)
{
    AppIndAdjTraNet.DistErrorEquations();
    showErrorEquation(AppIndAdjTraNet.Bd, Dist_error,"0.0000");
    showErrorEquation(AppIndAdjTraNet.ld, lDist,"0.00");
}
```

8. 合并误差方程事件

合并误差方程事件的主要功能是合并角度误差方程和距离误差方程。该事件主要利用了 AppofIndAdjofTraNet 类中的 AllErrorEquations() 方法。由于合并后的误差方程系数矩阵较大，因此，合并完成后仅给出了消息提醒。这个事件的主要代码如下：

代码片段 5-24：

```
private void 合并误差方程_Click(object sender, EventArgs e)
{
    AppIndAdjTraNet.AllErrorEquations();
    MessageBox.Show("两类误差方程已经合并完成","误差方程合并", MessageBoxButtons.OK, MessageBoxIcon.Information);
}
```

9. 建立观测权阵事件

建立观测权阵事件的主要功能是建立角度观测值权阵和距离观测值权阵。该事件主要利用了 AppofIndAdjofTraNet（导线网间接平差应用类）中的 ObservationP() 方法，这个方法没有形式参数，主要依据观测值建立权阵。建立好观测值权阵后，利用一个循环语句将观测值权阵内容输出到 ListBox 控件中。这个事件的主要代码如下：

代码片段 5-25：

```
private void 建立观测权阵_Click(object sender, EventArgs e)
{
    AppIndAdjTraNet.ObservationP();
    int length = AppIndAdjTraNet.P.Rows;
    for (int i = 0; i < length; i++)
```

```
        {
            string temProws=null;
            for (int j = 0; j < length; j++)
            {
                string item = "0   ";
                if (i==j) item = AppIndAdjTraNet.P[i, j].ToString("0.00");
                temProws = temProws + item+"   ";
            }
            ObservationP.Items.Add(temProws);
        }
    }
```

10. 优值估计事件

优值估计事件的主要功能是利用间接平差类（IndirectAdjustment）完成未知数和观测值的平差计算。在这个事件中首先利用导线网间接平差应用类对间接平差类的 B、l、P、X0 及 L 进行赋值，然后再利用间接平差类实现参数的平差计算，最后通过 IndAdjResoutShow 类显示平差结果信息。该事件的主要代码如下：

代码片段 5-26：

```
private void 优值估计_Click(object sender, EventArgs e)
{
    tabControl1.SelectedTab = tabControl1.TabPages[2];
    IndirectAdjustment.B = AppIndAdjTraNet.B;
    IndirectAdjustment.l = AppIndAdjTraNet.l;
    IndirectAdjustment.P = AppIndAdjTraNet.P;
    IndirectAdjustment.X0 = AppIndAdjTraNet.X0;
    IndirectAdjustment.L = AppIndAdjTraNet.L;
    IndirectAdjustment.AdjustmentCalculation();//平差计算
    IndirectAdjustmentResoultShow IndAdjResoutShow = new IndirectAdjustmentResoultShow();
    IndAdjResoutShow.IndAdj = IndirectAdjustment;
    IndAdjResoutShow.DisplayX0(Initialvalue);
    IndAdjResoutShow.Displayx(XCorreValue);
    IndAdjResoutShow.DisplayX_adjust(X_adjust);
    IndAdjResoutShow.DisplayL(ObserL);
    IndAdjResoutShow.DisplayV(ObserV);
    IndAdjResoutShow.DisplayL_adjust(ObserAdjast);
}
```

11. 精度评价事件

精度评价事件的主要功能是对间接平差的估计参数及观测值进行精度评价。这个事件调用了间接平差类（IndirectAdjustment）的 AdjustmentAccuracy() 方法，精度评价结果也利用 IndAdjResoutShow 类进行显示。该事件的主要代码如下：

代码片段 5-27：

```
private void 精度评价_Click(object sender, EventArgs e)
{
    IndirectAdjustment.AdjustmentAccuracy();
    IndirectAdjustmentResoultShow IndAdjResoutShow = new IndirectAdjustmentResoultShow();
    IndAdjResoutShow.AppIndAdj = AppIndAdjTraNet;
    IndAdjResoutShow.IndAdj = IndirectAdjustment;
    IndAdjResoutShow.DisplayXigema0(Xigema0);
    IndAdjResoutShow.DisplayX_adjustAccuracy(XAccuracy);
    IndAdjResoutShow.DisplayLAccuracy(LAccuracy);
    IndAdjResoutShow.DisplayL_adjustAccuracy(L_adjustAccuracy);
    IndAdjResoutShow.DisplayPointAccuracy(PointAccuracy);
}
```

12. 菜单事件支持方法

菜单事件支持方法是一个 internal 作用域的方法，功能是在 ListBox 控件中按照 f 格式显示矩阵的内容。这个方法的形式参数为 Matrix 类型的 M、ListBox 控件类型的 LB 和 string 类型的 f。参数 M 用来控制显示的内容，参数 LB 用来控制在哪个控件中显示，参数 f 用来指定显示内容的格式。该方法的主要代码如下：

代码片段 5-28：

```
internal void showErrorEquation(Matrix M, ListBox LB, string f)//显示误差方程方法
{
    for (int i = 0; i < M.Rows; i++)
    {
        string temp = null;
        for (int j = 0; j < M.Cols; j++)
        {
            temp = temp + M[i, j].ToString(f) + "   ";
        }
        LB.Items.Add(temp);
    }
}
```

13. 菜单事件支持类

间接平差结果及精度评价内容很多，为了精简代码，我们定义了间接平差结果显示类 IndirectAdjustmentResoultShow。这个类由 2 个字段、11 个方法组成。该类的定义如下：

代码片段 5-29：

```
class IndirectAdjustmentResoultShow
{
    public IndirectAdjustmentClass IndAdj = new IndirectAdjustmentClass();
    public AppofIndAdjofTraNetClass AppIndAdj = new AppofIndAdjofTraNetClass();
    public void DisplayX0(ListBox LB)
    {
        int length = IndAdj.X0.Rows;
        double temXY;
        for (int i = 0; i < length; i++)
        {
            temXY = IndAdj.X0[i, 0] / 1000;
            LB.Items.Add(temXY.ToString("f5"));
        }
    }
    public void Displayx(ListBox LB)  //单位为 mm
    {
        int length = IndAdj.x.Rows;
        for (int i = 0; i < length; i++)
        {
            LB.Items.Add(IndAdj.x[i, 0].ToString("f2"));
        }
    }
    public void DisplayX_adjust(ListBox LB)
    {
        int length = IndAdj.x.Rows;
        double tempXX_adjust;
        for (int i = 0; i < length; i++)
        {
            tempXX_adjust = IndAdj.X_adjust[i, 0] / 1000;
            LB.Items.Add(tempXX_adjust.ToString("f5"));
        }
    }
    public void DisplayL(ListBox LB)
    {
        int length = IndAdj.L.Rows;
        string TempAngle;
        double TmepDist;
        for (int i = 0; i < 10; i++)
        {
```

```csharp
            TempAngle = Tool_Class.RadToDeg_DMS(IndAdj.L[i, 0]);
            LB.Items.Add(TempAngle);
        }
        for (int i = 10; i < length; i++)
        {
            TmepDist = IndAdj.L[i, 0] / 1000;
            LB.Items.Add(TmepDist.ToString("f3"));
        }
    }
    public void DisplayV(ListBox LB)
    {
        int length = IndAdj.V.Rows;
        for (int i = 0; i < length; i++)
        {
            LB.Items.Add(IndAdj.V[i,0].ToString("f1"));
        }
    }
    public void DisplayL_adjust(ListBox LB)
    {
        int length = IndAdj.L_adjust.Rows;
        string TempAngle;
        for (int i = 0; i < 10; i++)
        {
            TempAngle = Tool_Class.RadToDeg_DMS(IndAdj.L_adjust[i,0]);
            LB.Items.Add(TempAngle);
        }
        for (int i = 10; i < length; i++)
        {
            LB.Items.Add(IndAdj.L_adjust[i, 0].ToString("f5"));
        }
    }
    public void DisplayXigema0(ListBox LB)
    {
        LB.Items.Add(IndAdj.xigema0.ToString("f4"));
    }
    public void DisplayX_adjustAccuracy(ListBox LB)//未知参数平差精度
    {
        int length = IndAdj.DXX_Ajust.Rows;
        for (int i = 0; i < length; i++)
        {
            LB.Items.Add(IndAdj.DXX_Ajust[i, i].ToString("f4"));
        }
```

```csharp
    }
    public void DisplayLAccuracy(ListBox LB)//观测精度
    {
        int length = IndAdj.Q.Rows;
        for (int i = 0; i < length; i++)
        {
            LB.Items.Add(IndAdj.DLL[i, i].ToString("f4"));
        }
    }
    public void DisplayL_adjustAccuracy(ListBox LB)//观测平差精度
    {
        int length = IndAdj.DLL_Ajust.Rows;
        for (int i = 0; i < length; i++)
        {
            LB.Items.Add(IndAdj.DLL_Ajust[i, i].ToString("f4"));
        }
    }
    public void DisplayPointAccuracy(ListBox LB)//观测平差精度
    {
        LB.Items.Clear();
        int i = 0;
        foreach (var item in AppIndAdj.unKnowPontsNet)
        {
            string Pname = item.Value.ID;
            double biaozhuncha = Math.Sqrt(IndAdj.DXX_Ajust[i, i] + IndAdj.DXX_Ajust[i + 1, i + 1]);
            LB.Items.Add(Pname + ":  " + biaozhuncha.ToString("f2"));
            i = i + 2;
            LB.Items.Add("---------------");
        }
    }
}
```

这个类中有两个字段 IndAdj、AppIndAdj，分别为 IndirectAdjustment（间接平差类）和 AppofIndAdjofTraNet（导线网间接平差应用类）。这两个字段的主要作用是存储记录间接平差类和导线网间接平差应用类的基本信息。DisplayX0（ListBox LB）、Displayx（ListBox LB）、DisplayX_adjust（ListBox LB）、DisplayL（ListBox LB）及 DisplayL_adjust（ListBox LB）等方法的主要功能是在指定的 ListBox 控件中分别显示 IndAdj 字段的未知数初始值、未知数改正值、未知数的平差值、观测值及观测值的平差值。DisplayXigema0（ListBox LB）、DisplayX_adjustAccuracy（ListBox LB）、DisplayLAccuracy（ListBox LB）、DisplayL_adjustAccuracy 及 DisplayPointAccuracy（ListBox LB）等方法基于误差传播定律给出了单位权中误差、未知参数平差精度、观测值精度、观测值平差精度以及未知点位精度的显示方法。

14. 其他

在这个程序中还实现了图形输出和成果输出事件，这两个事件主要是生成导线网及精度评价图形以及项目报告。由于代码较多且复杂，这里就不详细给出了。

5.6.4 软件使用方法

这个软件操作的基本思路为数据读入→数据分析→数据处理→成果输出等，主要步骤如下：

1. 数据读入

使用鼠标左键依次单击菜单栏的文件输入→控制点数据→测站观测值等菜单按钮，选择相应的控制点文件、导线观测数据文件，完成控制点数据和导线网观测数据的读入。读入的控制点数据显示在控制点信息数据框中，导线网观测数据显示在导线测站信息数据框中。数据读入操作的主界面如图 5-16 所示。

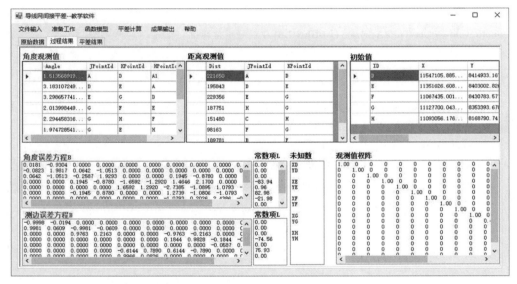

图 5-16 数据读入操作主界面

2. 导线分析

使用鼠标左键依次单击菜单栏的导线分析→点类型分析→观测值统计→初始值计算等菜单按钮，完成导线网间接平差的数据准备工作。导线分析主要是分析导线网中点的数量以及点的类型，观测值统计主要是对角度观测值和距离观测值进行分类统计，初始值计算主要是依据控制点坐标及观测值数据计算待定点坐标。以上事件的响应结果如图 5-17 所示。

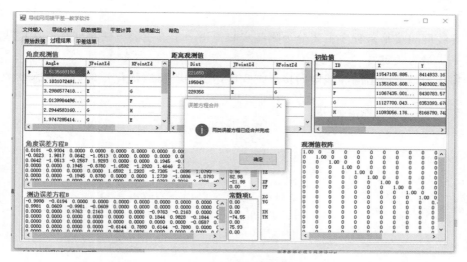

图 5-17 数据准备操作界面

3. 建立函数模型

利用鼠标左键依次单击函数模型→建立角度误差方程→建立测距误差方程→合并两类方程→建立观测权阵等菜单按钮，完成导线网间接平差函数模型的建立。建立角度误差方程的事件主要是依据角度观测值建立观测误差方程，并将结果显示在角度误差方程 Ba 和常数项 la 的信息框中。建立测距误差方程的事件主要是依据距离观测值建立测距观测误差方程，并将结果显示在 Bd 和常数项 ld 的信息框中。合并两类方程的事件主要是合并角度观测和距离观测误差方程，由于合并后的结果矩阵规模较大，故软件仅使用消息对话框给出提示（见图 5-17）。角度误差方程与距离误差方程合并的前提条件是两类误差方程的未知参数数量、顺序都一致。建立观测值权矩阵时，由于各观测值相互独立，所以该矩阵为对角矩阵。

4. 平差计算

利用鼠标左键依次单击菜单平差计算→最优估计→精度评价菜单按钮，完成导线网间接平差计算。平差结果事件展示了未知数初始值、未知数改正值、未知数平差值、观测值、观测值改正数及观测值平差值等最小二乘估计值。精度评价事件展示了单位权中误差、未知数平差值方差、观测值方差、观测值估计值方差以及待定点估计值位置中误差等精度信息。

5. 成果输出

利用鼠标左键依次单击输出→导线网图→生成报告菜单按钮，完成导线网间接平差成果的图形输出和项目报告。图形输出事件展示了导线网图形和待定点误差椭圆。生成报告事件完成了导线网间接平差数据处理的报告，报告内容包括已知数据、观测数据、平差结果及精度评价等内容。

◎习题

(1) 导线网间接平差程序主要分为哪些步骤？每一步的主要方法是什么？在这些步骤中你觉得哪一步最为关键？

(2) 你认为本章给出的导线网间接平差程序中哪些类可以优化？请尝试对本章的代码进行改进。

第6章 GNSS 网间接平差程序设计与实现

6.1 GNSS 平差测量概述

在 GNSS 定位中，在任意两个观测站上用 GNSS 卫星的同步观测成果可得到两点之间的基线向量观测值，它是在 WGS-84（World Geodetic System 1984）空间坐标系下的三维坐标差。为了提高定位结果的精度和可靠性，通常需将不同时段观测的基线向量联结成网，进行整体平差。用基线向量构成的网称为 GNSS 网。一般 GNSS 网平差采用间接平差方法。

6.2 GNSS 网间接平差应用基础

6.2.1 函数模型

设 GNSS 网中各待定点的空间直角坐标平差值为参数，参数的纯量形式记为：

$$\begin{bmatrix} \hat{X}_i \\ \hat{Y}_i \\ \hat{Z}_i \end{bmatrix} = \begin{bmatrix} X_i^0 \\ Y_i^0 \\ Z_i^0 \end{bmatrix} + \begin{bmatrix} \hat{x}_i \\ \hat{y}_i \\ \hat{z}_i \end{bmatrix} \tag{6-1}$$

若 GNSS 网基线向量观测值为 $(\Delta X_{ij} \quad \Delta Y_{ij} \quad \Delta Z_{ij})$，$\Delta X_{ij} = X_j - X_i$，$\Delta Y_{ij} = Y_j - Y_i$，$\Delta Z_{ij} = Z_j - Z_i$，则三维坐标差，即基线向量观测值的平差值为：

$$\begin{bmatrix} \Delta \hat{X}_{ij} \\ \Delta \hat{Y}_{ij} \\ \Delta \hat{Z}_{ij} \end{bmatrix} = \begin{bmatrix} \hat{X}_j \\ \hat{Y}_j \\ \hat{Z}_j \end{bmatrix} - \begin{bmatrix} \hat{X}_i \\ \hat{Y}_i \\ \hat{Z}_i \end{bmatrix} = \begin{bmatrix} \Delta X_{ij} + V_{X_{ij}} \\ \Delta Y_{ij} + V_{Y_{ij}} \\ \Delta Z_{ij} + V_{Z_{ij}} \end{bmatrix} \tag{6-2}$$

基线向量的误差方程为：

$$\begin{bmatrix} V_{X_{ij}} \\ V_{Y_{ij}} \\ V_{Z_{ij}} \end{bmatrix} = \begin{bmatrix} \hat{X}_j \\ \hat{Y}_j \\ \hat{Z}_j \end{bmatrix} - \begin{bmatrix} \hat{X}_i \\ \hat{Y}_i \\ \hat{Z}_i \end{bmatrix} = \begin{bmatrix} X_j^0 - X_i^0 - \Delta X_{ij} \\ Y_j^0 - Y_i^0 - \Delta Y_{ij} \\ Z_j^0 - Z_i^0 - \Delta Z_{ij} \end{bmatrix} \tag{6-3}$$

或

$$\begin{bmatrix} V_{X_{ij}} \\ V_{Y_{ij}} \\ V_{Z_{ij}} \end{bmatrix} = \begin{bmatrix} \hat{x}_j \\ \hat{y}_j \\ \hat{z}_j \end{bmatrix} - \begin{bmatrix} \hat{x}_i \\ \hat{y}_i \\ \hat{z}_i \end{bmatrix} - \begin{bmatrix} \Delta X_{ij} & - & \Delta X_{ij}^0 \\ \Delta Y_{ij} & - & \Delta Y_{ij}^0 \\ \Delta Z_{ij} & - & \Delta Z_{ij}^0 \end{bmatrix} \tag{6-4}$$

令

$$\boldsymbol{V}_k = \begin{bmatrix} V_{X_{ij}} \\ V_{Y_{ij}} \\ V_{Z_{ij}} \end{bmatrix}, \quad \boldsymbol{X}_i^0 = \begin{bmatrix} X_i^0 \\ Y_i^0 \\ Z_i^0 \end{bmatrix}, \quad \hat{\boldsymbol{x}}_j = \begin{bmatrix} \hat{x}_j \\ \hat{y}_j \\ \hat{z}_j \end{bmatrix}, \quad \hat{\boldsymbol{x}}_i = \begin{bmatrix} \hat{x}_i \\ \hat{y}_i \\ \hat{z}_i \end{bmatrix}, \quad \Delta \boldsymbol{X}_{ij} = \begin{bmatrix} \Delta X_{ij} \\ \Delta Y_{ij} \\ \Delta Z_{ij} \end{bmatrix}$$

则编号为 k 的基线向量误差方程为：

$$\underset{3,1}{\boldsymbol{V}_k} = \underset{3,1}{\hat{\boldsymbol{x}}_j} - \underset{3,1}{\hat{\boldsymbol{x}}_i} - \underset{3,1}{\boldsymbol{l}_k} \tag{6-5}$$

式中：

$$\underset{3,1}{\boldsymbol{l}_k} = \underset{3,1}{\Delta \boldsymbol{X}_{ij}} - \underset{3,1}{\Delta \boldsymbol{X}_{ij}^0} = \underset{3,1}{\Delta \boldsymbol{X}_{ij}} - (\underset{3,1}{\boldsymbol{X}_j^0} - \underset{3,1}{\boldsymbol{X}_i^0}) \tag{6-6}$$

当 GNSS 网中有 m 个待定点、n 条基线向量时，GNSS 网的误差方程为：

$$\underset{3n,1}{\boldsymbol{V}} = \underset{3n,3m}{\boldsymbol{B}} \underset{3m,1}{\hat{\boldsymbol{x}}} - \underset{3n,1}{\boldsymbol{l}} \tag{6-7}$$

6.2.2 随机模型

随机模型的一般形式为：

$$\boldsymbol{D} = \sigma_0^2 \boldsymbol{Q} = \sigma_0^2 \boldsymbol{P}^{-1} \tag{6-8}$$

现以两台 GNSS 接收机测得的结果为例，说明 GNSS 平差的随机模型的组成。

用两台 GNSS 接收机测量，在一个时段内只能得到一条观测基线向量 $(\Delta X_{ij} \ \Delta Y_{ij} \ \Delta Z_{ij})$，其中，3 个观测坐标分量是相关的，观测基线向量的方差-协方差矩阵直接由软件给出，已知为：

$$\boldsymbol{D}_{ij} = \begin{bmatrix} \sigma_{\Delta X_{ij}}^2 & \sigma_{\Delta X_{ij} \Delta Y_{ij}} & \sigma_{\Delta X_{ij} \Delta Z_{ij}} \\ 对 & \sigma_{\Delta Y_{ij}}^2 & \sigma_{\Delta Y_{ij} \Delta Z_{ij}} \\ & 称 & \sigma_{Z_{ij}}^2 \end{bmatrix} \tag{6-9}$$

不同的观测基线向量之间是相互独立的。因此，对于 GNSS 全网而言，式（6-9）中的 $\boldsymbol{D}$ 是块对角阵，即

$$\boldsymbol{D} = \begin{bmatrix} \boldsymbol{D}_1 & 0 & \cdots & 0 \\ 0 & \boldsymbol{D}_2 & \cdots & 0 \\ \vdots & \vdots & & \vdots \\ 0 & 0 & & \boldsymbol{D}_n \end{bmatrix} \tag{6-10}$$

式中 $\boldsymbol{D}$ 的下脚标号 $1, 2, \cdots, n$ 为各观测基线向量号，例如，其中 $\boldsymbol{D}_1$ 为式（6-9）所示的 $\boldsymbol{D}_{ij}$ 等。

多台 GNSS 接收机测量的随机模型组成的原理同上，GNSS 全网的 $\boldsymbol{D}$ 也是一个块对角阵，但其中对角块阵 $\boldsymbol{D}_{ij}$ 是多个同步基线向量的方差-协方差阵。

由式（6-10）可得权阵为

$$P^{-1}=\frac{D}{\sigma_0^2}, \quad P=(D/\sigma_0^2)^{-1} \tag{6-11}$$

式中 σ_0^2 可任意选定，简单的方法是将其设为 1，但为了使权阵中各元素不要过大，可适当选取 σ_0^2。权阵也是块对角阵。

6.3 GNSS 网间接平差程序类的设计与实现

GNSS 网间接平差程序与以往程序相似，也是由数据读入、数据预处理、观测方程建立、平差计算等功能事件组成。数据读入主要是读入基线观测向量信息和控制点信息。数据预处理主要是分析 GNSS 网中的已知点、未知点以及基线观测向量。观测方程建立是根据已知点数据和观测基线向量数据建立观测值误差方程和观测值权矩阵。平差计算主要是利用间接平差方法对未知参数及观测值进行最优值估计与精度评价。因此，GNSS 网间接平差程序可以直接利用间接平差类、点类以及矩阵类等已有的数据类型。GNSS 网数据读入、数据分析和间接平差应用处理等数据类型也可以模仿前面定义的导线网、水准网对应的类进行定义与实现。

6.3.1 GNSS 网数据相关类的设计与实现

1. BaseLine_Vector 类

BaseLine_Vector 类主要由基线 ID、起点、终点、坐标差及基线方差矩阵等成员变量构成，主要功能是存储管理 GNSS 网观测基线向量。Point 类、Matrix 类的定义与第 2 章中它们的定义完全一致。BaseLine_Vector 类的定义如下：

代码片段 6-1：

```
public class BaseLine_Vector
{
    public string id;
    public Point startpoint;
    public Point endpoint;
    public Matrix deltaXYZ;
    public Matrix DLL;
}
```

2. FileIO 类

FileIO 类主要由 Points、Vectors 两个字段和 ReadPoints（）、ReadBaseLineVector（）两个方法组成。两个字段的主要功能分别是存储管理控制点和基线向量观测数据，两个方法的主要功能分别是读取控制点数据和基线向量观测数据。该类的定义如下：

代码片段 6-2：

```csharp
public class FileIO
{
    public Dictionary<string, Point> Points = new Dictionary<string, Point>();//存储点数据
    public List<BaseLine_Vector> Vectors = new List<BaseLine_Vector>();//存储基线矢量数据
    public void ReadPoints()//点数据读取方法
    {
        try
        {
            ReadPoints ReadP = new ReadPoints();
            ReadP.DR_Points();
            Points = ReadP.Points;
        }
        catch (Exception)
        {
            MessageBox.Show("点数据读取失败","错误提醒",MessageBoxButtons.OK);
        }
    }
    // 读取基线数据文件,并将数据保存到未知点数据字典和基线向量列表
    public void ReadBaseLineVector()
    {
        try
        {
            OpenFileDialog OFD = new OpenFileDialog();
            OFD.Title ="读取基线矢量数据";
            OFD.Filter ="TXT|*.TXT|txt|*.txt|所有文件|*.*";
            if (OFD.ShowDialog() == DialogResult.OK)
            {
                string FileName = OFD.FileName;
                FileStream fs = new FileStream(FileName, FileMode.Open);
                StreamReader MyReader = new StreamReader(fs, Encoding.UTF8);
                while (MyReader.EndOfStream != true)
                {
                    string Line1 = MyReader.ReadLine();
                    string Line2 = MyReader.ReadLine();
                    string Line3 = MyReader.ReadLine();
                    string Line4 = MyReader.ReadLine();
                    List<string>tempLine1 = Line1.Split(new char[4] { ',', ',', ' ', ';' },
                            StringSplitOptions.RemoveEmptyEntries).ToList<string>();
```

```csharp
            List<string> tempLine2 = Line2.Split(new char[4] { ',', ',', ' ', ';' },
StringSplitOptions.RemoveEmptyEntries).ToList<string>();
            List<string> tempLine3 = Line3.Split(new char[4] { ',', ',', ' ', ';' },
StringSplitOptions.RemoveEmptyEntries).ToList<string>();
            List<string> tempLine4 = Line4.Split(new char[4] { ',', ',', ' ', ';' },
StringSplitOptions.RemoveEmptyEntries).ToList<string>();
            double[,] TempArrayI = new double[1, 3];
            double[,] TempArrayII = new double[3, 3];
            TempArrayI[0, 0] = double.Parse(tempLine1[3].Trim());
            TempArrayI[0, 1] = double.Parse(tempLine1[4].Trim());
            TempArrayI[0, 2] = double.Parse(tempLine1[5].Trim());
            for (int i = 0; i < 3; i++)
            {
                TempArrayII[i, 0] = double.Parse(tempLine2[i].Trim());
            }
            for (int i = 0; i < 3; i++)
            {
                TempArrayII[i, 1] = double.Parse(tempLine3[i].Trim());
            }
            for (int i = 0; i < 3; i++)
            {
                TempArrayII[i, 2] = double.Parse(tempLine4[i].Trim());
            }
            Vectors.Add(new BaseLine_Vector
            {
                ID = tempLine1[0].Trim(),
                SP = new Point { ID = tempLine1[1].Trim() },
                EP = new Point { ID = tempLine1[2].Trim() },
                deltaXYZ = new Matrix(TempArrayI),
                DLL = new Matrix(TempArrayII) });
        }
        MyReader.Close();
        fs.Close();
    }
}
catch (Exception)
{
    MessageBox.Show("基线向量观测数据读取失败", "错误", MessageBoxButtons.OK, MessageBoxIcon.Error);
```

```
        }
      }
    }
```

6.3.2 GNSS 网分析类的设计与实现

为了分析计算 GNSS 网中点的数量、类型以及未知坐标，定义了 GNSS 网分析类（NetAnalyze）。利用该类完成上述任务，并将结果输出到信息框。该类主要由 CtrPoints、Vectors、unknowPoints、NetPoints 四个字段和 GetInfo（）一个方法组成。CtrPoints 字段用来存储管理控制点文件中的控制点数据，Vectors 是从观测文件中读取 GNSS 基线矢量数据，unknowPoints 用来存储管理 GNSS 网内未知点数据，NetPoints 用来存储管理 GNSS 网内所有点数据，GetInfo（）为获取 GNSS 网内点数量、类型及坐标的方法。定义该类的目的是为 GNSS 网间接平差应用类提供网内的控制点、未知点以及观测值等基本信息，为观测数据的进一步应用做准备工作。具体代码如下：

代码片段 6-3：

```csharp
public class NetAnalyze
{
    public Dictionary<string, Point> unknowPoints { get; set; }
    public Dictionary<string, Point> CtrPoints { get; set; }
    public Dictionary<string, Point> NetPoints { get; set; }
    public List<BaseLine_Vector> Vectors {get; set;}
    public Matrix X0 { get; set; }
    public void GetInfo(Dictionary<string, Point> AllCtrPoints, List<BaseLine_Vector> Vectors)
    {
      this.Vectors = Vectors;
      Dictionary<string, Point> TempunKnowPoints = new Dictionary<string, Point>();
      foreach (var item in Vectors)//查找未知点
      {
        if (AllCtrPoints.Keys.Contains(item.SP.ID))
        {
          item.SP = AllCtrPoints[item.SP.ID];
          item.SP.IsInitial = true;
          if (! CtrPoints.Keys.Contains(item.SP.ID)) CtrPoints.Add(item.SP.ID, item.SP);
          //GNSS 网控制点文件增加点
        }
        else
        {
          if (! TempunKnowPoints.Keys.Contains(item.SP.ID))
                    TempunKnowPoints.Add(item.SP.ID, item.SP);
```

```
                    item. SP. IsInitial = false;
                }
                if (AllCtrPoints. Keys. Contains(item. EP. ID))
                {
                    item. EP = AllCtrPoints[item. EP. ID];
                    item. EP. IsInitial = true;
                    if (! CtrPoints. Keys. Contains(item. EP. ID)) CtrPoints. Add(item. EP. ID, item. EP);
                }
                else
                {
                    if (! TempunKnowPoints. Keys. Contains(item. EP. ID))
                            TempunKnowPoints. Add(item. EP. ID, item. EP);
                    item. EP. IsInitial = false;
                }
            }
    unknowPoints = TempunKnowPoints. OrderBy(p => p. Key). ToDictionary(p => p. Key,
o => o. Value);//排序
    foreach (var item in Vectors)//计算初值
    {
        if (item. SP. IsInitial && ! item. EP. IsInitial)//起点有值、终点无值的情况
        {
            item. EP. X = item. SP. X + item. deltaXYZ. getNum(0, 0);
            item. EP. Y = item. SP. Y + item. deltaXYZ. getNum(0, 1);
            item. EP. Z = item. SP. Z + item. deltaXYZ. getNum(0, 2);
            item. EP. IsInitial = true;
            unknowPoints[item. EP. ID] = item. EP;
        }
        if (! item. SP. IsInitial && item. EP. IsInitial)//起点无值终点有值的情况
        {
            item. SP. X = item. EP. X - item. deltaXYZ. getNum(0, 0);
            item. SP. Y = item. EP. Y - item. deltaXYZ. getNum(0, 1);
            item. SP. Z = item. EP. Z - item. deltaXYZ. getNum(0, 2);
            item. SP. IsInitial = true;
            unknowPoints[item. SP. ID] = item. SP;
        }
    }
    foreach (var item in Vectors)
    {
```

```
            if (! item.SP.IsInitial && ! item.EP.IsInitial)
            {
                if (unknowPoints.Keys.Contains(item.SP.ID))
                {
                    item.SP = unknowPoints[item.SP.ID];
                }
                if (unknowPoints.Keys.Contains(item.EP.ID))
                {
                    item.EP = unknowPoints[item.EP.ID];
                }
            }
        }
        foreach (var item in CtrPoints)
        {
            NetPoints.Add(item.Key, item.Value);
        }
        foreach (var item in unknowPoints)
        {
            NetPoints.Add(item.Key, item.Value);
        }
    }
}
```

6.3.3 GNSS 网间接平差应用类的设计与实现

为了建立 GNSS 网观测误差方程、未知数初始值以及观测值权阵，定义了 GNSS 网间接平差应用类（IndAdjustAppGNSSNetwork）。该类的主要功能是依据 GNSS 网分析类（NetAnalyze）的分析结果确定观测误差方程系数矩阵 B、常数项 l、未知数初始值 X0、观测值 L、观测值权阵 P 等信息，该类的根本任务是为间接平差模型提供必要的基础数据。该类由 B、P、l、X0、L 五个属性，Vectors、CtrPoints、unknowPoints、NetPoints、unknownPointsList 五个字段以及 GetX0()、GetL()、CalcErrorEquationB()、CalcErrorEquationl()、GetPMatrix() 五个方法组成。该类的具体代码如下：

代码片段 6-4：

```
public class IndAdjustAppGNSSNetwork    //GNSS 网间接平差应用类
{
    //—————————————————————提供值—————————————————————
    public Matrix B { get; set; }//误差方程系数矩阵
    public Matrix P { get; set; }//观测值权阵
```

```csharp
public Matrix l { get; set; }//误差方程常数项
public Matrix X0 { get; set; }//未知数的初始值
public Matrix L { get; set; }//观测量
//———————————————————起算数据————————————————
public List<BaseLine_Vector> Vectors;//基线观测值
public Dictionary<string, Point> CtrPoints;//控制点
public Dictionary<string, Point> unknowPoints;//未知点
public Dictionary<string, Point> NetPoints;//所有点
//———————————————————过渡字段————————————————
private List<Point> unknownPointsList = new List<Point>();
//———————————————————主要方法————————————————
public void GetX0()//获取未知数初始值
{
    this.X0 = new Matrix(unknowPoints.Count * 3, 1);
    int i = 0;
    foreach (var item in unknowPoints.Values)
    {
        unknownPointsList.Add(item);
        this.X0.setNum(i+0, 0, item.X);
        this.X0.setNum(i+1, 0, item.Y);
        this.X0.setNum(i+2, 0, item.Z);
        i++;
    }
}
public Matrix GetL()//获取观测值 L
{
    this.L = new Matrix(Vectors.Count * 3, 1);
    int i = 0;
    foreach (var item in Vectors)
    {
        L.setNum(i + 0,0, item.deltaXYZ.getNum(0, 0));
        L.setNum(i + 1, 0, item.deltaXYZ.getNum(0, 1));
        L.setNum(i + 2, 0, item.deltaXYZ.getNum(0, 2));
        i = i + 3;
    }
    return L;
}
```

```csharp
//观测方程未知顺序必须与未知数顺序一致
public void CalcErrorEquationB()   //建立观测方程系数矩阵B
{
    GetX0();//获取未知数初值
    //定义矩阵
    this.B = new Matrix(Vectors.Count * 3, X0.Row);
    int row = 0;
    foreach (var item in Vectors)
    {
        int SPindex = unknownPointsList.FindIndex(P => P.ID.Equals(item.SP.ID));
        int EPindex = unknownPointsList.FindIndex(P => P.ID.Equals(item.EP.ID));
        if (SPindex >= 0)
        {
            this.B.setNum(row, SPindex * 3 + 0, -1);
            this.B.setNum(row+1, SPindex * 3 + 1, -1);
            this.B.setNum(row+2, SPindex * 3 + 2, -1);
        }
        if (EPindex >= 0)
        {
            this.B.setNum(row, EPindex * 3 + 0, +1);
            this.B.setNum(row+1, EPindex * 3 + 1, +1);
            this.B.setNum(row+2, EPindex * 3 + 2, +1);
        }
        row = row + 3;
    }
}
public void CalcErrorEquationl()   //建立观测方程系数矩阵l
{
    l = new Matrix(Vectors.Count * 3, 1);
    int i = 0;
    foreach (var item in Vectors)
    {
        double Xij0 = NetPoints[item.EP.ID].X - NetPoints[item.SP.ID].X;
        double lx = item.deltaXYZ.getNum(0, 0) - Xij0;
        double Yij0 = NetPoints[item.EP.ID].Y - NetPoints[item.SP.ID].Y;
        double ly = item.deltaXYZ.getNum(0, 1) - Yij0;
        double Zij0 = NetPoints[item.EP.ID].Z - NetPoints[item.SP.ID].Z;
        double lz = item.deltaXYZ.getNum(0, 2) - Zij0;
        l.setNum(i + 0, 0, lx);
```

```
                l.setNum(i + 1, 0, ly);
                l.setNum(i + 2, 0, lz);
                i=i+3;
            }
        }
        public void GetPMatrix() //建立观测值权阵
        {
            P = new Matrix(Vectors.Count * 3, Vectors.Count * 3);
            for (int i = 0; i < Vectors.Count; i++)
            {
                int row = i * 3;
                int col = row;
                for (int ii = 0; ii < 3; ii++)
                {
                    P.setNum(row + ii, col + ii, Vectors[i].DLL.getNum(ii, ii));
                }
            }
        }
}
```

6.3.4 其他类的设计与实现

1. 点数据显示类

控制点数据读取完成后,由点数据显示类(PointDataView)完成读取结果的显示。这个类由构造函数完成数据赋值,构造函数由 Dictionary < string,Point > CtrPoints、RichTextBox LText 参数构成。这两个参数分别指读入的控制点及显示的文本框控件。该类的详细代码如下:代码片段 6-5:

```
public class PointDataView
{
  public PointDataView(Dictionary<string, 已有类.Point> CtrPoints, RichTextBox LText)
  {
    string CtrPointsInfos = null;
    CtrPointsInfos ="控制点个数:" + CtrPoints.Count.ToString() + "个" + "\n\r";
    foreach (var item in CtrPoints)
    {
      CtrPointsInfos +="ID:" + item.Value.ID + "\r\nX:" + item.Value.X.ToString() + "\r\nY:" + item.Value.Y.ToString() + "\r\nZ:" + item.Value.Z.ToString() + "\r\n";
```

```
        }
        LText.Text = CtrPointsInfos;
    }
}
```

2. 基线向量数据显示类

基线向量观测数据读取完成后,由基线向量数据显示类(VectorsDataView)完成读取结果的显示。这个类由构造函数完成数据赋值,构造函数由 List<BaseLine_Vector> BLine_Vectors、RichTextBox RText 参数构成。这两个参数分别指读入的基线向量以及显示的文本框控件。该类的详细代码如下:

代码片段 6-6:

```
public class VectorsDataView
{
    public VectorsDataView(List<BaseLine_Vector> BLine_Vectors, RichTextBox RText)
    {
        string BLineInfos;
        BLineInfos ="基线概要信息\r\n";
        BLineInfos +="基线条数:" + BLine_Vectors.Count.ToString() + " 个" + "\n\r";
        BLineInfos +="基线显示格式:\r\n 点→点 drtX,drtY,drtZ,基线方差 Dll\r\n";
        foreach (var item in BLine_Vectors)
        {
            BLineInfos +="第" + item.ID + "条基线\r\n";
            BLineInfos +=item.SP.ID +"→" + item.EP.ID + "\r\ndrtX:" + item.deltaXYZ.getNum(0,
                      0).ToString() +";   drtY:" + item.deltaXYZ.getNum(0, 1).ToString() + ";
                      drtZ:" + item.deltaXYZ.getNum(0, 2).ToString() + "\r\n";
            for (int i = 0; i < 3; i++)
            {
                for (int j = 0; j < 3; j++)
                {
                    BLineInfos += item.DLL.getNum(i, j).ToString() +";";
                }
                BLineInfos +="\r\n";
            }
        }
        RText.Text = BLineInfos;
    }
}
```

3. 基本信息显示类

GNSS 分析类完成 GNSS 网分析后，分析结果主要由 BaseInfosView、X0View 以及 NetView 三个类表示。BaseInfosView 这个类主要展示了控制点、待定点以及观测基线的数量，构造函数的参数为 NetAnalyze NA 和 RichTextBox LText。X0View 这个类主要展示了未知点坐标的初始值，构造函数的参数为 NetAnalyze NA 和 RichTextBox RText。NetView 类主要展示 GNSS 网的基本图形，该类构造函数的参数为 Dictionary＜string，Point＞ CtrPoints、Dictionary＜string，Point＞ unknowPoints 和 List＜BaseLine_Vector＞ Vectors。这三个类的详细代码如下：

代码片段 6-7：

```
public class BaseInfosView
{
    public BaseInfosView(NetAnalyze NA, RichTextBox LText)
    {
        string TBaseInfos = null;
        TBaseInfos = "控制点个数:" + NA.CtrPoints.Count.ToString() + "\r\n";
        TBaseInfos += "待定点个数:" + NA.unknowPoints.Count.ToString() + "\r\n";
        TBaseInfos += "观测基线条数:" + NA.Vectors.Count.ToString() + "\n\r";
        string CtrPointsInfos = null;
        CtrPointsInfos = "控制点信息:" + "\r\n";
        foreach (var item in NA.CtrPoints.Values)
        {
            CtrPointsInfos += "ID:" + item.ID + "\r\nX:" + item.X.ToString() + "\r\nY:" +
            item.Y.ToString() + "\r\nZ:" + item.Z.ToString() + "\r\n";
        }
        LText.Text = TBaseInfos + CtrPointsInfos;
    }
}
```

代码片段 6-8：

```
public class X0View
{
    public X0View(NetAnalyze NA, RichTextBox RText)
    {
        string unknowPoints0 = null;
        unknowPoints0 = "未知点初始值\r\n";
        foreach (var item in NA.unknowPoints)
        {
            unknowPoints0 += item.Value.ID + "\r\n";
            unknowPoints0 += "X0:" + item.Value.X.ToString() + "\r\n";
```

```csharp
            unknowPoints0 += "Y0:" + item.Value.Y.ToString() + "\r\n";
            unknowPoints0 += "Z0:" + item.Value.Z.ToString() + "\n\r";
        }
        RText.Text = unknowPoints0;
    }
}
```

代码片段 6-9：

```csharp
public partial class NetView : Form
{
    public Dictionary<string, Point> unknowPoints;
    public Dictionary<string, Point> CtrPoints;
    public Dictionary<string, Point> NetPoints = new Dictionary<string, Point>();
    public List<BaseLine_Vector> Vectors;
    public NetView(Dictionary<string, Point> CtrPoints, Dictionary<string, Point> unknowPoints, List<BaseLine_Vector> Vectors)
    {
        InitializeComponent();
        this.Vectors = Vectors;
        this.CtrPoints = CtrPoints;
        this.unknowPoints = unknowPoints;
        foreach (var item in unknowPoints)
        {
            NetPoints.Add(item.Key, item.Value);
        }
        foreach (var item in CtrPoints)
        {
            NetPoints.Add(item.Key, item.Value);
        }
        panel1.Paint += Panel1_Paint;//注册事件
    }

    private void Panel1_Paint(object sender, PaintEventArgs e)
    {
        Graphics g = e.Graphics;    // 定义网格线的颜色和宽度
        Pen pen = new Pen(Color.Black, 1);
        // 计算网格线的起始位置和步长
        int startX = panel1.ClientRectangle.Left;
        int endX = panel1.ClientRectangle.Right;
        int startY = panel1.ClientRectangle.Top;
        int endY = panel1.ClientRectangle.Bottom;
```

```csharp
int step = 20;
for (int y = startY; y <= endY; y += step) // 绘制水平网格线
{
    g.DrawLine(pen, startX, y, endX, y);
}
for (int x = startX; x <= endX; x += step) // 绘制垂直网格线
{
    g.DrawLine(pen, x, startY, x, endY);
}
pen.Color = Color.Brown;
pen.Width = 2;
double MaxX = -100000000000; double MinX = 1000000000000;
double MaxY = -100000000000; double MinY = 1000000000000;
foreach (var item in NetPoints)
{
    if (item.Value.X > MaxX) MaxX = item.Value.X;
    if (item.Value.Y > MaxY) MaxY = item.Value.Y;
    if (item.Value.X < MinX) MinX = item.Value.X;
    if (item.Value.Y < MinY) MinY = item.Value.Y;
}
double scaleX = (endX - startX - 60) * 1.0 / (MaxX - MinX);
double scaleY = (endY - startY - 60) * 1.0 / (MaxY - MinY);
//绘制 GNSS 网
foreach (var item in Vectors)
{
    g.DrawLine(pen, new PointF((float)((item.SP.X - MinX) * scaleX + 30), (float)((item.SP.Y - MinY) * scaleY) + 30),
        new PointF((float)((item.EP.X - MinX) * scaleX + 30), (float)((item.EP.Y - MinY) * scaleY) + 30));
}
//绘制坐标位置点符号
int triangleWidth = 10;
int triangleHeight = 10;
SolidBrush triangleBrush = new SolidBrush(Color.Blue);
SolidBrush ellipseBrush = new SolidBrush(Color.Blue);
using (GraphicsPath path = new GraphicsPath())
{
    FontFamily family = new FontFamily("Arial");
    int fontStyle = (int)FontStyle.Italic;
    int emSize = 13;
    StringFormat format = StringFormat.GenericDefault;
```

```csharp
            foreach (var point in NetPoints.Values)
            {
                int left = (int)((point.X - MinX) * scaleX + 30 - triangleWidth / 2);
                int top = (int)((point.Y - MinY) * scaleY + 30 - triangleHeight / 2);
                System.Drawing.Point triangleP1 = new System.Drawing.Point(left, top + triangleHeight);
                 System.Drawing.Point triangleP2 = new System.Drawing.Point(left + triangleWidth / 2, top);
                System.Drawing.Point triangleP3 = new System.Drawing.Point(left + triangleWidth, top + triangleHeight);
                System.Drawing.Point[] triangles = { triangleP1, triangleP2, triangleP3 };
                if (point.IsCtrlPoint)
                {
                    path.AddPolygon(triangles);
                }
                else
                {
                    path.AddEllipse(new Rectangle(left, top, 10, 10));
                }
                string stringText = point.ID;
                System.Drawing.Point origin = new System.Drawing.Point((int)left - 8, (int)top - 15);
                path.AddString(stringText, family, fontStyle, emSize, origin, format);
                g.FillPath(triangleBrush, path);
                g.FillRegion(ellipseBrush, new Region(path));
                path.Reset();
            }
        }
        // 释放资源
        pen.Dispose();
        triangleBrush.Dispose();
        ellipseBrush.Dispose();
    }
}
```

NetView 为一个窗体类，这个窗体主要由一个 Panel 控件构成，它的大小与窗体大小一致。

4. 预处理结果显示类

预处理结果指的是 GNSS 网间接平差处理中涉及的观测误差方程系数矩阵 B、常数项 l 及观测值权阵 P，这些结果分别由 BView、lView 以及 PView 类来显示。前两个类构造函数的形参均为 IndAdjustAppGNSSNetwork IndAdjApp 和 RichTextBox LText。PView 类构造函数的形参为 IndAdjustAppGNSSNetwork IndAdjApp 和 RichTextBox RText。这三个类的定义详见代码片段 6-10。

代码片段 6-10：

```csharp
public class BView
{
    public BView(IndAdjustAppGNSSNetwork IndAdjApp, RichTextBox LText)
    {
        string strBMatrix = null;
        strBMatrix="观测方程 B:"+ "\r\n";
        for (int i = 0; i < IndAdjApp.B.Row; i++)//显示观测方程
        {
            for (int j = 0; j < IndAdjApp.B.Col; j++)
            {
                strBMatrix += IndAdjApp.B.getNum(i, j).ToString() + "  ";
            }
            strBMatrix +="\r\n";
        }
        LText.Text = strBMatrix;
    }
}
public class lView
{
    public lView(IndAdjustAppGNSSNetwork IndAdjApp, RichTextBox LText)
    {
        string strlMatrix = LText.Text;
        strlMatrix +="观测方程常数项(l):";
        strlMatrix +="\r\n";
        for (int i = 0; i < IndAdjApp.l.Row; i++)//显示观测方程
        {
            strlMatrix += IndAdjApp.l.getNum(i, 0).ToString("f3") + "  ";
        }
        LText.Text = strlMatrix;
    }
}
public class PView
{
    public PView(IndAdjustAppGNSSNetwork IndAdjApp, RichTextBox RText)
    {
        string strPMatrix = null;
        for (int i = 0; i < IndAdjApp.P.Row; i++)
        {
            for (int j = 0; j < IndAdjApp.P.Col; j++)
            {
```

```
                    strPMatrix += IndAdjApp.P.getNum(i, j).ToString("E3") + "  ";
                }
                strPMatrix += "\r\n";
            }
            RText.Text = strPMatrix;
        }
    }
```

5. 平差信息显示类

平差信息显示类的主要功能是显示 GNSS 网间接平差处理后未知数的平差值及观测值改正数等未知参数的平差值与精度评价结果。平差信息显示类由 SolutionEquationView、AdjustInforsView 和 PrecisionEvaluationView 三个类组成，它们的功能分别是显示解法方程、未知参数平差结果以及未知参数的平差精度。这三个类的定义如代码片段 6-11 所示。

代码片段 6-11：

```
public class SolutionEquationView
{
    private string StrFormat1 = new string('=', 64);
    private string StrFormat2 = new string('-', 64);
    public SolutionEquationView(IndAjustModel IndAM, RichTextBox LText)
    {
        LText.Clear();
        string TxAdjustInfors = "解法方程(dx)计算结果如下:" + "\r\n";
        TxAdjustInfors += StrFormat1 + "\r\n";
        for (int i = 0; i < IndAM.x.Row; i++)
        {
            TxAdjustInfors += IndAM.x.getNum(i, 0).ToString("f3") + "  ";
        }
        TxAdjustInfors += StrFormat1 + "\r\n";
        LText.Text = TxAdjustInfors;
    }
}
public class AdjustInforsView
{
    private string StrFormat1 = new string('=', 64);
    private string StrFormat2 = new string('-', 64);
    public AdjustInforsView(IndAjustModel IndAM, RichTextBox LText)
    {
        string TAdjustInfors = LText.Text;
        TAdjustInfors += "未知数(X)平差计算结果如下:" + "\r\n";
        TAdjustInfors += StrFormat2 + "\r\n";
```

```csharp
            for (int i = 0; i < IndAM.X_adjust.Row; i++)
            {
                TAdjustInfors += IndAM.X_adjust.getNum(i, 0).ToString("f3") + "   ";
            }
            TAdjustInfors += StrFormat2 +"\r\n";
            TAdjustInfors +="观测值改正数(V)计算结果如下:" + "\r\n";
            for (int i = 0; i < IndAM.V.Row; i++)
            {
                TAdjustInfors += IndAM.V.getNum(i, 0).ToString("f3") + "   ";
            }
            TAdjustInfors += StrFormat2 +"\r\n";
            TAdjustInfors +="观测值(L)平差结果如下:" + "\r\n";
            for (int i = 0; i < IndAM.L_adjust.Row; i++)
            {
                TAdjustInfors += IndAM.L_adjust.getNum(i, 0).ToString("f3") + "   ";
            }
            TAdjustInfors += StrFormat1 +"\r\n";
            LText.Text = TAdjustInfors;
        }
    }
    public class PrecisionEvaluationView
    {
        private string StrFormat1 = new string('=', 64);
        private string StrFormat2 = new string('—', 64);
        public PrecisionEvaluationView(IndAjustModel IndAM, RichTextBox RText)
        {
            RText.Clear();
            string PAdjustInfors = "间接平差精度评价结果" + "\r\n";
            PAdjustInfors += StrFormat2 +"\r\n";
            PAdjustInfors +="单位权中误差(σ0)="+ IndAM.xigema0.ToString("f3")+"\n\r";
            PAdjustInfors += StrFormat2 +"\r\n";
            PAdjustInfors +="未知数(X)平差值方差";
            for (int i = 0; i < IndAM.DLL.Row; i++)
            {
                PAdjustInfors += IndAM.DLL.getNum(i, i).ToString("f3") + "   ";
            }
            PAdjustInfors += StrFormat2 +"\r\n";
            PAdjustInfors +="观测值改正数(V)方差";
            for (int i = 0; i < IndAM.DVV.Row; i++)
            {
```

```
        PAdjustInfors += IndAM.DVV.getNum(i, i).ToString("f3") + "   ";
    }
    PAdjustInfors += StrFormat2 + "\r\n";
    PAdjustInfors += "观测平差值(L_)方差";
    for (int i = 0; i < IndAM.DLL_Ajust.Row; i++)
    {
        PAdjustInfors += IndAM.DLL_Ajust.getNum(i, i).ToString("f3") + "   ";
    }
    PAdjustInfors += StrFormat1 + "\r\n";
    RText.Text = PAdjustInfors;
    }
}
```

6. 项目报告相关类

项目报告相关类的主要功能是生成 .txt 格式的项目报告，项目报告需要输入一些基本信息，基本信息由 Frm 窗体类完成。因此，项目报告相关类由 ReportFrm 类和 Report 类构成。ReportFrm 类由 Label 标签和 TextBox 控件组成，详情可查看图 6-1。

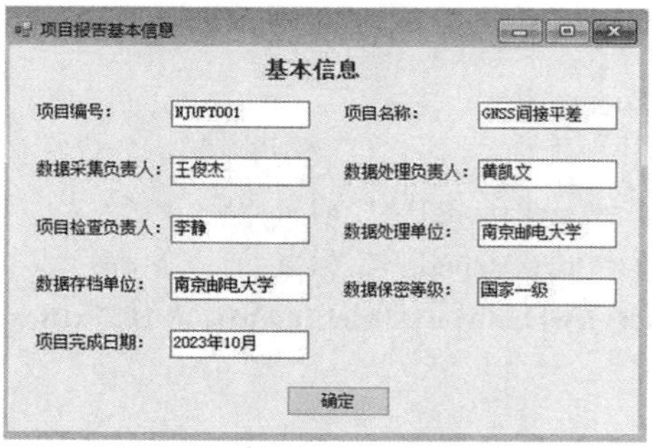

图 6-1 项目报告基本信息窗口

Report 类代码如下：
代码片段 6-12：

```
public class Report
{
    public Report(string str)
    {
        SaveFileDialog WriteF = new SaveFileDialog();
        WriteF.Title = "读取基线矢量数据";
        WriteF.Filter = "txt|*.txt|TXT|*.TXT";
        if (WriteF.ShowDialog() == DialogResult.OK)
        {
```

```
        StreamWriter sw = new StreamWriter(WriteF.FileName);
        sw.Write(str);
        sw.Flush();
        sw.Close();
      }
    }
  }
```

6.4 GNSS 网程序算例验证

6.4.1 GNSS 网数据组织

已知控制点数据文件使用了点名、X 坐标、Y 坐标以及 Z 坐标数据格式。观测基线向量数据文件使用了起点点名、终点点名、X 方向差值、Y 方向差值、Z 方向差值以及观测基线向量的协方差。数据文件为 .txt 格式，数据组织的具体内容如图 6-2 和图 6-3 所示。

图 6-2 控制点数据组织

图 6-3 基线向量数据组织

6.4.2 软件功能设计

这个程序的功能主要是数据读入、GNSS 网分析、GNSS 网平差预处理、间接平差、成果输出等内容。为了更好地发挥教学作用，在每个功能实现过程中尽可能地展示关键知识点，深刻体会 GNSS 网数据处理的间接平差方法。这个程序的详细功能如图 6-4 所示。

6.4.3 软件主界面设计

为了展示 GNSS 测量数据网间接平差数据处理方法以深入理解间接平差的基本原理，下面在程序界面设计中尽可能将过程结果展示出来。在程序界面设计中使用了 MenuStrip（菜单）、两个 Label 控件、两个 RichTextBox 控件以及状态栏。菜单栏提供了程序所有功能事件的入口，两个文本框主要显示每个事件的响应结果，两个 Label 标签给出的是显示文本内容的提示信息，状态栏给出当前状态，并对下一步操作给出提示。图 6-5 为 GNSS 网基线向量间接平差实践教学程序的主界面。

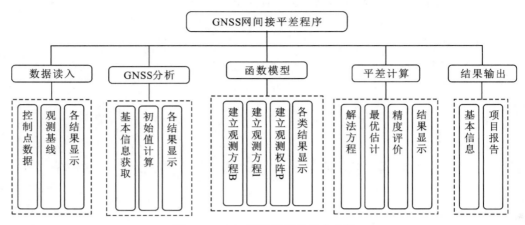

图 6-4　GNSS 网间接平差程序功能

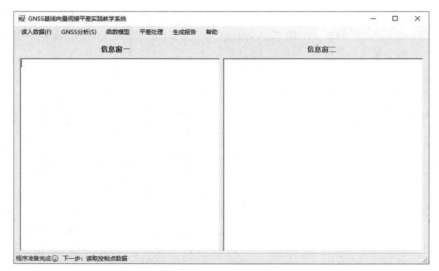

图 6-5　GNSS 网基线向量间接平差实践教学程序主界面

6.4.4　软件实现过程

基于 C# 的 GNSS 网间接平差应用程序开发，主要包括界面设计、各种类的定义以及编写事件代码等内容，按照以下步骤可以完成上述程序。

1. 建立 GNSS 网间接平差应用程序项目

单击 VS 图标，在合适的位置建立 Windows 窗体应用程序，并将项目名称修改为 GNSS 网间接平差应用程序，然后按照 6.4.3 小节内容完成主窗体界面设计。

2. 添加已经定义的类

左键选中 GNSS 网间接平差应用程序项目，然后使用右键菜单添加文件夹，并将其修改为已有类。左键选中已有类文件夹，使用右键菜单添加类文件，文件名分别为 IndAjustModel.cs、Matrix.cs、Point.cs 和 ReadPoints.cs，并在这些文件内添加第 2 章、第 3 章已经定义好的类代码。

3. 添加本章定义的新类

使用鼠标左键选中 GNSS 网间接平差应用程序项目，然后使用右键菜单添加文件夹，并将其修改为定义新类。左键选中定义新类文件夹，使用右键菜单添加类文件，文件名分别为 BaseLine_Vector.cs、FileIO.cs、NetAnalyze.cs、IndAjustAppGNSSNetwork.cs 和 Report.cs。然后，在这些文件内分别考入代码片段 6-1、代码片段 6-2、代码片段 6-3、代码片段 6-4 和代码片段 6-12。

4. 添加结果显示类

左键选中 GNSS 网间接平差应用程序项目，然后使用右键菜单添加文件夹，并将其修改为显示类。左键选中显示类文件夹，使用右键菜单添加 5 类文件，文件名分别为 RawDataView.cs、PrepareView.cs、BaseInfosView.cs、NetView.cs 和 AdjustInforsView.cs。然后，将代码片段 6-5 和代码片段 6-6 拷贝到 RawDataView.cs；将代码片段 6-7 和代码片段 6-8 拷贝到 BaseInfosView.cs，将代码片段 6-9 拷贝到 NetView.cs，目的是建立一个输出窗口；将代码片段 6-10 拷贝到 PrepareView.cs，将代码片段 6-11 拷贝至 AdjustInforsView.cs。

5. 添加事件代码

分别双击菜单栏图标以添加菜单事件，菜单中的每个事件代码如下：

代码片段 6-13：

- 控制点读入事件：

```
private void 读入控制点_Click(object sender, EventArgs e)
{
    label1.Text = "控制点信息";
    IO.ReadPoints();
    PointDataView PDV = new PointDataView(IO.Points, richTextBox1);
    MessageBox.Show("共读取" + IO.Points.Count.ToString() + "个控制点");
}
```

- 观测基线向量读入事件：

```
private void 读入基线向量_Click(object sender, EventArgs e)
{
    label2.Text = "基线矢量信息";
    IO.ReadBaseLineVector();
    VectorsDataView RDV = new VectorsDataView(IO.Vectors, richTextBox2);
    MessageBox.Show("共读入" + IO.Vectors.Count.ToString() + "条基线");
}
```

- 退出程序事件：

```
private void 退出_Click(object sender, EventArgs e)
{
    Application.Exit();
}
```

- GNSS 基本信息获取事件：

```
private void GNSS 基本信息_Click(object sender, EventArgs e)
{
    label1.Text = "GNSS 基本信息";
    label2.Text = "";
    richTextBox1.Clear();
    richTextBox2.Clear();
    NA.GetInfo(IO.Points, IO.Vectors);
    NetView NetView = new NetView(NA.CtrPoints, NA.unknowPoints, NA.Vectors);
    NetView.Show();
    BaseInfosView BIView = new BaseInfosView(NA, richTextBox1);
}
```

- 待定点计算事件：

```
private void 待定点计算_Click(object sender, EventArgs e)
{
    X0View BIView = new X0View(NA, richTextBox2);
    label2.Text = "待定点初值";
}
```

- 建立观测方程 B 事件：

```
private void 建立观测方程_Click(object sender, EventArgs e)
{
    IndAdjApp.Vectors = NA.Vectors;
    IndAdjApp.unknowPoints = NA.unknowPoints;
    IndAdjApp.CtrPoints = NA.CtrPoints;
    IndAdjApp.NetPoints = NA.NetPoints;
    IndAdjApp.CalcErrorEquationB();
    label1.Text = "观测误差方程";
    label2.Text = "信息窗口二";
    richTextBox2.Clear();
    BView BView = new BView(IndAdjApp, richTextBox1);
}
```

- 建立观测方程 l 事件：

```csharp
private void 建立观测方程_Click(object sender, EventArgs e)
{
    IndAdjApp.Vectors = NA.Vectors;
    IndAdjApp.unknowPoints = NA.unknowPoints;
    IndAdjApp.CtrPoints = NA.CtrPoints;
    IndAdjApp.NetPoints = NA.NetPoints;
    IndAdjApp.CalcErrorEquationl();
    label1.Text = "观测误差方程";
    lView IView = new lView(IndAdjApp, richTextBox1);
}
```

- 建立观测方程 P 事件：

```csharp
private void 建立观测值P阵_Click(object sender, EventArgs e)
{
    IndAdjApp.GetPMatrix();
    PView PIView = new PView(IndAdjApp, richTextBox2);
    label2.Text = "观测值权阵P:";
}
```

- 法方程计算事件：

```csharp
private void 法方程计算_Click(object sender, EventArgs e)
{
    IndAM.B = IndAdjApp.B;
    IndAM.l = IndAdjApp.l;
    IndAM.P = IndAdjApp.P;
    IndAM.L = IndAdjApp.GetL();
    IndAM.X0 = IndAdjApp.X0;


    IndAM.SolutionEquation();
    SolutionEquationView SEV = new SolutionEquationView(IndAM, richTextBox1);
    label2.Text = "信息窗口二";
    richTextBox2.Text = "";
}
```

- 平差值计算事件：

```csharp
private void 平差值计算_Click(object sender, EventArgs e)
{
    IndAM.AdjustmentCalculation();
    AdjustInforsView AIV = new AdjustInforsView(IndAM, richTextBox1);
}
```

- 精度评价事件：

```csharp
private void 精度评价_Click(object sender, EventArgs e)
{
    label2.Text = "精度评价结果";
    IndAM.PrecisionEvaluation();
    PrecisionEvaluationView PEV = new PrecisionEvaluationView(IndAM, richTextBox2);
}
```

- 生成报告基本信息事件：

```csharp
private void 基本信息_Click(object sender, EventArgs e)
{
    ReportFrm RtFrm = new ReportFrm();
    RtFrm.ShowDialog();
}
```

- 生成报告生成文档事件：

```csharp
private void 生成文档_Click(object sender, EventArgs e)
{
    string StrReport = "项目生成报告"+"\r\n";
    PointDataView PDV = new PointDataView(IO.Points, richTextBox1);
    StrReport += richTextBox1.Text;
    VectorsDataView VDV = new VectorsDataView(IO.Vectors, richTextBox2);
    StrReport += richTextBox2.Text;
    BaseInfosView BIView = new BaseInfosView(NA, richTextBox1);
    StrReport += richTextBox1.Text;
    X0View X0View = new X0View(NA, richTextBox2);
    StrReport += richTextBox2.Text;
    BView BView = new BView(IndAdjApp, richTextBox1);
    lView lView = new lView(IndAdjApp, richTextBox1);
    StrReport += richTextBox1.Text;
    SolutionEquationView SEV = new SolutionEquationView(IndAM, richTextBox1);
    StrReport += richTextBox1.Text;
    AdjustInforsView AIV = new AdjustInforsView(IndAM, richTextBox1);
    StrReport += richTextBox1.Text;
    PrecisionEvaluationView PEV = new PrecisionEvaluationView(IndAM, richTextBox2);
    StrReport += richTextBox2.Text;
    Report Rt = new Report(StrReport);
}
```

6.4.5 软件操作方法

这个软件操作的基本思路为数据读入→数据分析→数据处理→成果输出四个阶段，主要步骤如下：

1. 数据读入操作

使用鼠标左键依次单击菜单栏的数据读入→读入控制点→读入观测基线菜单按钮，在随后弹出的文件选择对话框中分别选择控制点文件和观测基线向量数据文件，完成控制点数据和观测基线向量数据的读入。读入完成会弹出读入数据是否成功的对话框，并且会将这些读入的数据分别显示在信息窗口一和信息窗口二中。随着信息的显示，信息窗口一的标题更改为控制点信息，信息窗口二的标题更改为基线矢量信息。数据读入操作的结果界面如图 6-6 所示。

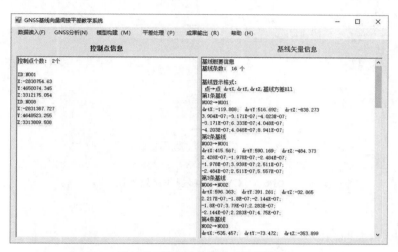

图 6-6　数据读入操作结果界面

2. 数据分析操作

使用鼠标左键依次单击菜单栏的 GNSS 分析→获取基本信息→待定点初值计算菜单按钮，完成 GNSS 网的数据分析工作。GNSS 分析主要是分析 GNSS 网中点的数量、类型以及未知点的初始值计算。基本信息获取事件是获取 GNSS 网基本信息，概要结果显示在信息窗口一中，同时用图解的形式对这些信息进行空间分布表达。待定点初值计算事件主要是在信息窗口二中显示未知点坐标的初值。以上两个事件的响应结果如图 6-7 和图 6-8 所示。

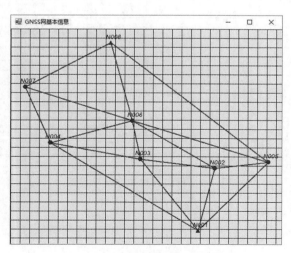

图 6-7　GNSS 信息空间分布结果

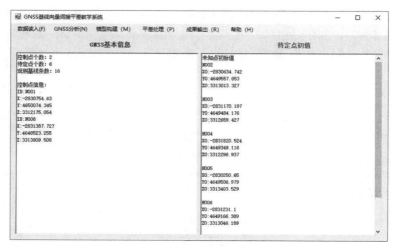

图 6-8　GNSS 分析操作结果界面

3. 函数模型构建操作

利用鼠标左键依次单击模型构建→建立观测方程 B→建立观测方程 l→建立观测值权阵 P 等菜单按钮，完成 GNSS 网间接平差函数模型的构建。观测方程 B 与观测方程 l 的建立结果显示在信息窗口一中，观测值权阵 P 的结果显示在信息窗口二中。模型构建操作的结果界面如图 6-9 所示。

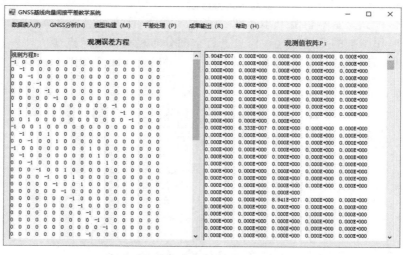

图 6-9　模型构建操作结果界面

4. 平差计算操作

利用鼠标左键依次单击菜单平差处理→法方程计算→最优值估计→精度评价菜单按钮，

完成 GNSS 网间接平差计算。平差计算给出了未知数平差值和观测值平差值结果，精度评价给出了观测值单位权中误差、未知数和观测值方差。这两类处理结果分别在信息窗口一和信息窗口二中显示。平差计算操作的结果界面如图 6-10 所示。

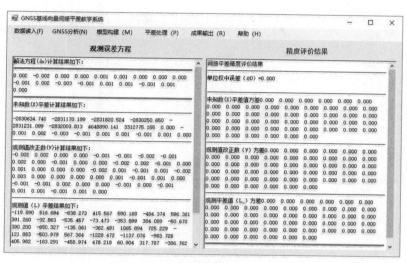

图 6-10　平差计算操作结果界面

5. 成果输出

利用鼠标左键单击成果输出→信息录入→生成报告菜单按钮，完成 GNSS 网间接平差成果输出。信息录入主要是输入项目相关信息，生成的报告内容主要包括已知数据、观测数据、平差结果及精度评价等内容。基本信息录入界面如图 6-11 所示。成果输出操作结果界面如图 6-12 所示。

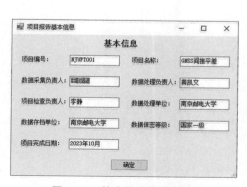

图 6-11　基本信息录入界面　　　　图 6-12　成果输出操作结果界面

◎ 习题

（1）GNSS 网间接平差程序主要分为哪些步骤？每一步的主要计算方法是什么？在这些步骤中你觉得哪一步最关键？

（2）你认为本章给出的 GNSS 网间接平差程序中哪些类可以优化，请尝试对本章的代码进行改进。

第7章 空间坐标转换程序设计与实现

在我国的测绘事业发展过程中，我国先后采用了 1954 北京坐标系、1980 年西安大地坐标系和 2000 国家大地坐标系。随着全球定位导航系统的快速发展和普及，很多测绘单位也采用了 WGS-84 坐标系。由于工程建设的需要，很多城市同时建立了独立地方坐标系。在同一坐标系下坐标的表达方式又有空间直角坐标、大地坐标、平面投影坐标。因此，在测量数据处理过程中，经常会遇到坐标系统的转换问题。工程技术人员需要将不同坐标系下的数据进行相互转换，在这些坐标转换的过程中既会用到同一坐标系下的坐标转换模型，又会用到不同坐标系下的坐标转换模型。

7.1 坐标系统的基本理论与方法

地球的自然表面是一个起伏很大、不规则、不能用简单的数学公式来表达的复杂曲面。我们很难在这样一个曲面上来解算测量学中产生的几何问题。为便于测绘工作的进行，一般选一个形状和大小都很接近于地球而且数学计算很方便的椭球体，称为地球椭球体（见图 7-1）。

地球椭球体是由椭圆绕其短轴旋转而成的几何体。椭圆短轴（NS），即地球的自转轴——地轴。短轴的两个端点是地极，分别被称为地理北极（N）和地理南极（S）。长轴（EE'）绕短轴旋转所成的平面是赤道平面。长轴端点 E 旋转而成的圆周是赤道。

过短轴的任一平面是子午圈平面，它与地球椭球体表面相交的截痕是椭圆，称为子午圈。其中，由地理北极到地理南极的半个椭圆，叫作地理子午线、子午线或经线。与赤道平面相平行的、与地轴正交的平面，称为纬度圈平面。它与地球椭球表面相交的截痕是一个圆，称为纬度圆。

地球椭球的基本几何参数：

椭圆的长半轴：a

椭圆的短半轴：b

椭圆的扁率：

$$\alpha = \frac{a-b}{a} \tag{7-1}$$

椭圆的第一偏心率：

$$e = \frac{\sqrt{a^2-b^2}}{a} \tag{7-2}$$

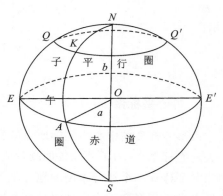

图 7-1 地球椭球体

椭圆的第二偏心率：

$$e = \frac{\sqrt{a^2-b^2}}{b} \tag{7-3}$$

极曲率半径（极点处的子午线曲率半径）：

$$c = \frac{a^2}{b} \tag{7-4}$$

常见地球椭球的椭球参数如表 7-1 所示。

表 7-1　椭球参数

椭球参数	年代	长半径/m	扁率分母
克拉索夫斯基	1940	6378245	298.3
1975 年大地坐标系	1975	6378140	298.257
WGS-84	1984	6378137	298.25722
CGCS200	2008	6378137	298.257222101

按照坐标原点的不同，测绘坐标系统可以分为以下几类（见图 7-2）。

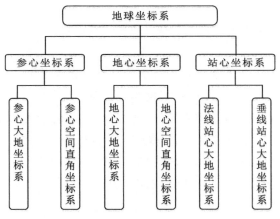

图 7-2　不同坐标系的分类

1. 参心坐标系

以参考椭球的中心为坐标原点的坐标系称为参心坐标系（包括参心空间直角坐标系、参心大地坐标系）。为了处理各地测量成果、计算点位坐标、测绘地图和进行工程建设，各个国家需要建立一个适合本国的地理坐标系统。早期建立的大地坐标系是利用天文观测、天文大地水准面测量和重力大地水准面高度差测量的方法，设定地面坐标的原点（即大地原点），建立天文大地坐标网，然后通过相对地面坐标原点及天文大地坐标网点进行弧度测量而建立的局部坐标系，它的地球椭球体的定位和定向是依据地面参考点——大地原点来实现的，即相对定位，它使得在一定范围内地球椭球体表面与大地水准面有最佳的附合。由于所采用的地球椭球不同，或地球椭球虽相同，但椭球的定位和定向不同，而有不同的参心坐标系。

空间直角坐标系的原点位于椭球中心 O（地球质心），Z 轴和椭球短半轴重合（Z 轴指向地球北极），指向北，X 轴指向经度零点（起始子午面与赤道面交线），Y 轴垂直于 XOZ 平面，并与 X、Z 轴构成右手坐标系。在该坐标系中，P 点的位置用 X、Y、Z 表示（见图7-3）。

大地坐标系（见图7-4）又称为地理坐标系，指的是赤道和格林经线为基准圈的球面坐标系。地球椭球体表面上任意一点的地理坐标，可以用地理经度、地理纬度和大地高 H 来表示。

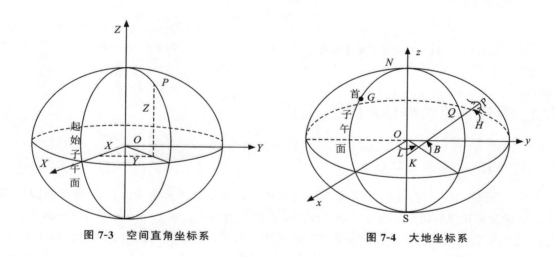

图 7-3 空间直角坐标系　　　　　图 7-4 大地坐标系

2. 地心坐标系

以地球质心为坐标系原点的地球坐标系称为地心坐标系（包括地心空间直角坐标系、地心大地坐标系）。由于地球的形状是不断变化的，海洋潮汐、固体潮汐、大气潮汐、两极冰雪的移动、大陆板块运动和局部地壳变形都会影响地心的位置，因此非常精确地确定地球质心的位置很困难。对于地心的位置，目前只能通过在一定精度范围内建立地心坐标系来标定它。由于地球模型不同，世界上有过许多种地心坐标系，如 WGS-60、WGS-66、WGS-72、WGS-84（见图7-5）等。

3. 站心坐标系

如图7-6所示，站心坐标系 NEU（包括垂线站心大地坐标系、法线站心大地坐标系）以测站 P 为原点，P 点的法线方向为 U 轴（指向天顶为正），N 轴指向过 P 点的大地子午线的切线北方向，E 轴与 NPU 平面垂直，构成左手坐标系。

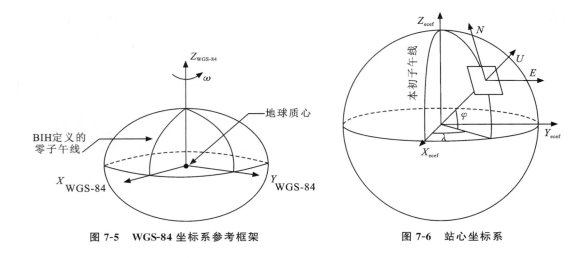

图 7-5　WGS-84 坐标系参考框架　　　　图 7-6　站心坐标系

7.2　我国常见的坐标系统

7.2.1　1954 北京坐标系统

20 世纪 50 年代，在我国天文大地网建立初期，为了加速社会主义经济建设和国防建设，迅速发展我国的测绘事业，全面开展测图工作，迫切需要建立一个参心大地坐标系。为此，1954 年总参某部测绘局在有关方面的建议和支持下，鉴于当时的历史条件，以 1942 年苏联普尔科沃坐标系为基础，平差我国东北及东部地区一等锁，这样传算过来的坐标系统，定名为 1954 北京坐标系统。其特点总结如下：

（1）属于参心坐标系统。

（2）采用克拉索夫斯基椭球参数。

（3）与 1942 年苏联普尔科沃坐标系之间无旋转。

（4）大地原点是苏联普尔科沃天文台。

（5）大地高程以 1956 年青岛验潮站求出的黄海平均海平面为基准。

（6）高程异常是以苏联 1955 年大地水准面重新平差结果为起算值，按照我国天文水准路线推算出来的。

1954 北京坐标系统存在很多缺点，主要表现在：

（1）克拉索夫斯基椭球参数同现代精准的椭球参数的差异较大，并且不包含表示地球物理特性的参数，因而给理论和实际工作带来了许多不便。

（2）椭球定向不十分明确，椭球的短半轴既不指向国际通用的 CIO 极，也不指向目前我国使用的 JYD 极。参考椭球面与我国大地水准面呈西高东低的系统性倾斜，东部高程异常达 60 余米。

（3）该坐标系统的大地点坐标是经过局部分区平差得到的，因此，全国的天文大地控制点实际上不能形成一个整体，区与区之间有较大的隙距。如在有的接合部，同一点在不同区的坐标值相差 1~2m，不同分区的尺度差异也很大，而且坐标传递是从东北到西北和西南，后一区是以前一区的最弱部作为坐标起算点的，因而一等锁具有明显的坐标累积误差。

7.2.2　1980 年西安大地坐标系统

为了适应我国大地测量发展的需要，1978 年，我国决定重新对全国天文大地网施行整体平差，并且建立新的国家大地坐标系统，整体平差在新的大地坐标系统中进行，这个坐标系统就是 1980 年西安大地坐标系统。其特点如下：

（1）采用 1975 年大地测量与地球物理联合会（IUGG）第 16 届大会推荐的 4 个基本椭球参数。

（2）参心大地坐标系是在 1954 北京坐标系统的基础上建立起来的。

（3）椭球面与似大地水准面在我国境内的结合最为密合，是多点定位。

（4）定向明确，椭球短轴平行于地球质心指向的地极原点的方向，起始大地子午面平行于我国起始天文子午面，相对 1954 北京坐标系统没有旋转。

（5）大地原点位于我国中部，位于西安市以北 60km 处的泾阳县永乐镇，简称西安原点。

（6）大地高程基准采用 1956 年黄海高程基准。

7.2.3　WGS-84 坐标系

WGS-84 坐标系是目前 GNSS 所用的坐标系统。GNSS 是基于此坐标系统所发布的星历参数。WGS-84 坐标系统的全称是 World Geodetic System 1984（世界大地坐标系-84），它是一个地心地固坐标系统。WGS-84 坐标系的坐标原点位于地球质心，Z 轴指向（国际时间局）BIH1984.0 定义的协议地球极方向，X 轴指向 BIH1984.0 的起始子午面和赤道的交点，Y 轴与 X 轴和 Z 轴构成右手坐标系。WGS-84 坐标系原点与 WGS-84 椭球的集合中心重合，Z 轴也与旋转椭球的旋转轴重合。

WGS-84 坐标系是现有的应用于绘制地图、绘制航海图、大地测量和导航的最好的全球大地参考系统。

7.2.4　2000 国家大地坐标系

2000 国家大地坐标系（China Geodetic Coordinate System 2000，CGCS 2000）是我国当前最新的国家大地坐标系。随着社会的进步，国民经济建设、国防建设和社会发展、科学研究等对国家大地坐标系统提出了新要求，迫切需要采用原点位于地球质量中心的坐标系统（以下简称地心坐标系）作为国家大地坐标系。采用地心坐标系有利于采用现代空间技术对坐标系统进行维护和快速更新，测定高精度大地控制点三维坐标，并提高测图工作效率。

2008 年 3 月，由国土资源部（2018 年撤销）正式上报国务院《关于中国采用 2000 国家大地坐标系的请示》，并于 2008 年 4 月获得国务院批准。自 2008 年 7 月 1 日起，中国全面启用 2000 国家大地坐标系，由国家测绘局受权组织实施。

2000 国家大地坐标系是全球地心坐标系在我国的具体体现，其原点为包括海洋和大气的整个地球的质量中心。Z 轴指向 BIH1984.0 定义的协议极地方向（BIH 国际时间局），X 轴指向 BIH1984.0 定义的零子午面与协议赤道的交点，Y 轴按右手坐标系确定。

7.3 坐标转换方法

坐标系和基准两方面要素构成了完整的坐标系统，因此坐标转换包括坐标系变换与基准变换。所谓基准是指为描述空间位置而定义的点、线、面。在大地测量中，基准是指用以描述地球形状的地球椭球的参数，如地球椭球的长短半轴和物理特征的有关参数、地球椭球在空间中的定位及定向，还有在描述这些位置时所采用的单位长度的定义等。

坐标变换就是在不同的坐标表示形式间进行变换（相同基准下的坐标转换）。基准变换是指在不同的参考基准（椭球）间进行变换（不同基准下的坐标转换）。

7.3.1 坐标系变换方法

坐标系变换包括大地坐标系和空间直角坐标系的互相转换、空间直角坐标系与站心坐标系的互相转换和高斯投影坐标正反算。

1. 大地坐标系转换至空间直角坐标系

由大地坐标系转换到空间直角坐标系的数学关系为：

$$\begin{cases} X=(N+H)\cos B \cos L \\ Y=(N+H)\cos B \sin L \\ Z=[N(1-e^2)+H]\sin B \end{cases} \tag{7-5}$$

式中 B、L、H 为椭球面上的大地纬度、大地经度、大地高，X、Y、Z 为空间直角坐标。

卯酉圈曲率半径：

$$N=\frac{a}{\sqrt{1-e^2\sin^2 B}} \tag{7-6}$$

椭球的偏心率：

$$e=\frac{\sqrt{a^2-b^2}}{a} \tag{7-7}$$

2. 空间直角坐标系转换至大地坐标系

$$L=\arctan\left(\frac{Y}{X}\right) \tag{7-8}$$

$$B=\arctan\frac{z(N+H)}{\sqrt{(X^2+Y^2}[N(1-e^2)+H]} \tag{7-9}$$

$$H=\frac{Z}{\sin B}-N(1-e^2) \tag{7-10}$$

3. 空间直角坐标系转换至站心坐标系

站心坐标系：以测站 P 为原点，P 点的法线方向为轴（指向天顶为正），轴指向过 P 点的大地子午线的切线北方向，轴与平面垂直，构成左手坐标系。

$$\begin{bmatrix} N \\ E \\ U \end{bmatrix} = \begin{bmatrix} -\sin B \cos L & -\sin B \sin L & \cos B \\ -\sin L & \cos L & 0 \\ \cos B \cos L & \cos B \sin L & \sin B \end{bmatrix} \begin{bmatrix} \Delta X \\ \Delta Y \\ \Delta Z \end{bmatrix} \quad (7\text{-}11)$$

4. 高斯投影

所谓地图投影，简略说来就是将椭球面各元素（包括坐标、方向和长度）按一定的数学法则投影到平面上。这里说的数学法则可用下面两个函数式表示：

$$\begin{aligned} x &= F_1(L, B) \\ y &= F_2(L, B) \end{aligned} \quad (7\text{-}12)$$

式中，L，B 是椭球面上某点的大地坐标，x、y 是该点投影后的平面（投影面）直角坐标。

地图投影的基本要求有以下几点：

(1) 应采用等角投影（又称为正形投影）。

(2) 要求长度和面积变形不大，并能用简单公式计算由变形而引起的改正数。

(3) 要求投影能很方便地分带进行，并能按高精度的、简单的、同样的计算公式和用表把各带联成整体。保证每个带能进行单独投影，并组成本身的直角坐标系，然后再将这些带用简单的数学方法联结在一起，从而组成统一的系统。

高斯投影又称横轴椭圆柱等角投影。有一椭圆柱面横套在地球椭球体外面，并与某一条子午线（称中央子午线或轴子午线）相切，椭球柱的中心轴通过椭球体中心，然后用一定的投影方法将中央子午线两侧各一定经差范围内的地区投影到椭球圆柱面上，再将此柱面展开即成为投影面，如图 7-7 所示。

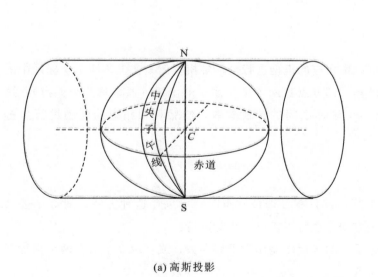
(a) 高斯投影

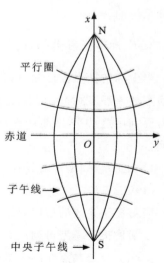
(b) 高斯投影平面图

图 7-7 高斯投影示意图

我国规定按经差 6°和 3°进行投影分带，大比例测图和工程测量采用 3°带投影。在特殊情况下，工程测量控制网也可以采用1.5°带或者任意带投影。但为了测量成果的通用，需同国家6°和3°带相联系。如用n'表示3°带的带号，L表示3°带中央子午线的经度，它们的关系是$L=3n'$。

7.3.2 基准变换方法

1. 坐标转换模型

（1）布尔莎模型：本章设计的软件中称为布尔沙模型，用于不同地球椭球基准下的空间直角坐标系间的点位坐标转换，涉及七个参数，即三个平移参数、三个旋转参数和一个尺度变化参数。

（2）三维七参数转换模型：用于不同地球椭球基准下的大地坐标系间的点位坐标转换，涉及三个平移参数、三个旋转参数和一个尺度变化参数，同时需要顾及两种大地坐标系所对应的两个地球椭球长半轴和扁率差。

（3）二维七参数转换模型：用于不同地球椭球基准下的地心坐标系向大地坐标系的点位坐标转换，涉及三个平移参数、三个旋转参数和一个尺度变化参数。

（4）三维四参数转换模型：用于局部区域内、不同地球椭球基准下的地心坐标系向大地坐标系间的坐标转换，涉及三个平移参数和一个旋转参数。

（5）二维四参数转换模型：用于局部区域内、不同高斯投影平面坐标转换，涉及两个平移参数、一个旋转参数和一个尺度参数。对于三维坐标，需将坐标通过高斯投影变换得到平面坐标，再计算转换参数。

（6）多相似拟合模型：不同范围的坐标转换均可用多相式拟合，有椭球面和平面两种形式。椭球面上多相式拟合模型适用于全国或大范围的拟合；平面拟合多用于相对独立的平面坐标系统的转换。

2. 坐标转换参数的计算

当坐标转换参数已知时，可以按相应的模型进行坐标转换。但事实上，两个坐标系中的转换参数一般不知道，而只是已知一部分点在两个坐标系中的坐标（通常称为公共点），这时需要利用这些公共点计算出两个坐标系间的转换参数，然后利用相应的模型进行坐标转换。

1）七参数模型参数计算

（1）三点法。

当对转换参数的精度要求不高，或只有3个公共点时，可采用这种方法。对3个公共点，按某种转换模型可列出9个方程。也可以按以下步骤进行：

①取1个公共点在两个坐标系中的坐标之差作为平移参数，或者取3个点在两个坐标系中的坐标差的平均值作为平移参数。

②由两个点在两个坐标系中的坐标反算相应的边长 S_1 和 S_2，则尺度参数可取为：

$$\delta_u = \frac{S_1 - S_2}{S_1} \tag{7-13}$$

③将平移参数和尺度参数作为已知值，利用转换模型求指定旋转参数。

(2) 多点法。

由布尔莎模型：

$$\begin{bmatrix} X \\ Y \\ Z \end{bmatrix}_T = \begin{bmatrix} \Delta X_0 \\ \Delta Y_0 \\ \Delta Z_0 \end{bmatrix} + (1+m) \begin{bmatrix} X \\ Y \\ Z \end{bmatrix}_S + \begin{bmatrix} 0 & \varepsilon_z & \varepsilon_y \\ -\varepsilon_z & 0 & \varepsilon_x \\ \varepsilon_y & -\varepsilon_x & 0 \end{bmatrix} \begin{bmatrix} X \\ Y \\ Z \end{bmatrix}_S \tag{7-14}$$

列误差方程：

$$\begin{bmatrix} V_X \\ V_Y \\ V_Z \end{bmatrix} = \begin{bmatrix} 1 & 0 & 0 & 0 & -Z_S & Y_S & X_S \\ 0 & 1 & 0 & Z_S & 0 & -X_S & Y_S \\ 0 & 0 & 1 & -Y_S & X_S & 0 & Z_S \end{bmatrix} \begin{bmatrix} \Delta X_0 \\ \Delta Y_0 \\ \Delta Z_0 \\ \varepsilon_x \\ \varepsilon_y \\ \varepsilon_z \\ m \end{bmatrix} - \left(\begin{bmatrix} X \\ Y \\ Z \end{bmatrix}_T - \begin{bmatrix} X \\ Y \\ Z \end{bmatrix}_S \right) \tag{7-15}$$

由最小二乘求解转换参数不难看出，这种方法利用了所有公共点，有望得到较好的结果，但因为将每个点的坐标精度都视为精度相同的观测值，因此这也是一种近似的方法。

2) 四参数模型参数计算

四参数模型用于平面直角坐标系间的转换。以下采用两点法进行计算。

设两个点在两个平面坐标系中的坐标分别为 (X_{T_1}, Y_{T_1})、(X_{T_2}, Y_{T_2})、(X_{S_1}, Y_{S_1})、(X_{S_2}, Y_{S_2})，则：

$$\theta = \arctan\left(\frac{Y_{T_1} - Y_{T_2}}{X_{T_2} - X_{T_1}}\right) - \arctan\left(\frac{Y_{S_1} - Y_{S_2}}{X_{S_2} - X_{S_1}}\right)$$

$$K = \frac{d_t}{d_s} = \frac{\sqrt{(X_{T_2} - X_{T_1})^2 + (Y_{T_2} - Y_{T_1})^2}}{\sqrt{(X_{S_2} - X_{S_1})^2 + (Y_{S_2} - Y_{S_1})^2}} \tag{7-16}$$

把旋转角和缩放比例代入四参数模型求得平移参数：

$$\left. \begin{array}{l} X_T = \Delta X + K\cos\theta \cdot X_S - K\sin\theta \cdot Y_S \\ Y_T = \Delta Y + K\sin\theta \cdot X_S - K\cos\theta \cdot Y_S \end{array} \right\} \tag{7-17}$$

以上为两点法，下面介绍多点法。

为方便计算，令 $K\cos\theta = \mu$，$K\sin\theta = v$。列误差方程，并用泰勒级数展开得：

$$\begin{bmatrix} V_X \\ V_Y \end{bmatrix} = \begin{bmatrix} 1 & 0 & X_T & -Y_T \\ 0 & 1 & Y_T & X_T \end{bmatrix} \begin{bmatrix} \delta_{\Delta X} \\ \delta_{\Delta Y} \\ \delta_\mu \\ \delta_v \end{bmatrix} - \begin{bmatrix} X_S - u_0 X_T + v_0 X_T - \Delta X_0 \\ Y_S - u_0 Y_T + v_0 X_T - \Delta Y_0 \end{bmatrix} \tag{7-18}$$

其中，$[\delta_{\Delta X} \quad \delta_{\Delta Y} \quad \delta_\mu \quad \delta_v]^T$ 为待估参数的改正数，$[\Delta X_0 \quad \Delta Y_0 \quad \delta_\mu \quad \delta_v]^T$ 为待估参

的初值。

取初值 $\Delta X_0 = 0$，$\Delta Y_0 = 0$，$v_0 = 0$，则：

$$\begin{bmatrix} V_X \\ V_Y \end{bmatrix} = \begin{bmatrix} 1 & 0 & X_S & -Y_S \\ 0 & 1 & Y_S & X_S \end{bmatrix} \begin{bmatrix} \delta_{\Delta X} \\ \delta_{\Delta Y} \\ \delta_\mu \\ \delta_v \end{bmatrix} - \begin{bmatrix} X_T - X_S \\ Y_T - Y_S \end{bmatrix} \tag{7-19}$$

用最小二乘法求得未知数改正数后，加上初始值求得最终参数。

$$\Delta X = \Delta X_0 + \delta_{\Delta X}，\Delta Y = \Delta Y_0 + \delta_{\Delta Y}，u = u_0 + \delta_\mu，v = v_0 + \delta_v$$

若未知数改正数较大，应以平差后的值作为初始值进行迭代计算。进行迭代时，常数项部分应用式（7-20）计算，系数阵不变。

$$\begin{bmatrix} X_T - u_0 X_S + v_0 Y_S - \Delta X_0 \\ Y_T - u_0 Y_S + v_0 X_S - \Delta Y_0 \end{bmatrix} \tag{7-20}$$

当4个参数较大时，以上迭代过程收敛慢甚至发散，因此常用两点法先求四个参数的初始值，常数项部分同样用上式计算。求得参数 ΔX，ΔY，μ，v 后，利用式（7-21）计算旋转参数和缩放比例参数。

$$\theta = \arctan\left(\frac{v}{\mu}\right)$$
$$K = \mu / \cos\theta \tag{7-21}$$

7.4 空间直角坐标转换程序设计与实现

7.4.1 软件功能设计

坐标转换涉及参考基准和坐标系统之间的相互转化，由于地球椭球、投影方法、坐标系统定义具有多样性，因此，实现过程也十分复杂。为了进一步掌握测量平差的原理与方法，下面以七参数布尔莎模型应用为例给出不同空间直接坐标变换的最小二乘平差方法。不同空间直角坐标系转换程序设计的功能模块结构如图7-8所示。

1. 数据读取模块

不同空间直角坐标系变换需要利用公共点计算新旧坐标系之间的转换参数，这些公共点同时具备旧坐标系和新坐标系两套坐标。数据读取模块的主要功能是读取公共点新、旧两套坐标系统坐标，以及需要转换的旧坐标系下的坐标点。一般情况下，通过点名匹配识别新旧坐标系统下的公共点。此外，数据读取模块也给出了转换后结果的保存功能。

2. 基本运算模块

布尔莎模型计算不同空间直角坐标系转换，参数利用的是基于最小二乘约束的间接平差

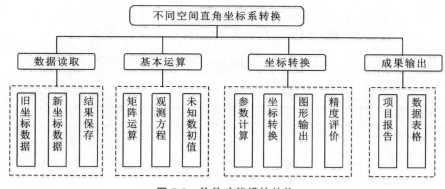

图 7-8 软件功能模块结构

方法。为此，基本运算模块（又称数据处理模块）提供了矩阵运算、观测方程建立、未知参数初值及观测值计算等功能。该模块主要是为间接平差方法提供基础数据，进而平差计算不同坐标系之间的转换参数。

3. 坐标转换模块

布尔莎模型的七个转换参数是利用间接平差方法进行最优值估计和参数精度评价的，基于转换参数平差计算的结果利用布尔莎模型完成旧坐标系向新坐标系的转换，在转换过程中实现了直接坐标转换和配置法坐标转换两种方法，同时将两个坐标系的坐标利用平面图进行位置展示。

4. 成果输出模块

不同直角坐标系转换成果主要包括项目报告以及坐标转换的中间数据表格、最终数据表格等，因此，成果输出模块包括布尔莎模型七个参数的显示、转换前后的图像显示以及项目报告生产等功能。

7.4.2 软件界面设计

为了充分展示不同空间直角坐标系坐标转换数据处理方法，并进一步深入理解间接平差的基本原理，在程序界面设计中应尽可能将过程结果展示出来。在程序界面设计中使用了 MenuStrip（菜单）、ToolStrip（工具）、TabControl、DataGridView、StatusStrip（状态）以及 RichTextBox 控件。菜单栏提供了所有功能事件的入口，DataGridView 和 RichTextBox 显示每个事件的响应结果。利用 MenuStrip、ToolStrip、TabControl、Chart1、StatusStri 及 RichTextBox 等控件设计了不同空间直角坐标系转换程序的主要界面，结果如图 7-9 所示。

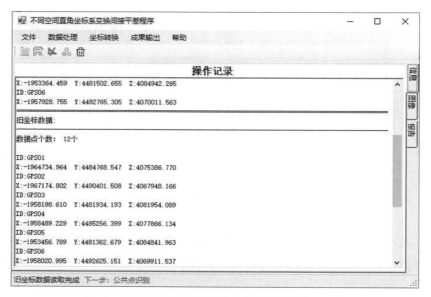

图 7-9　不同空间直角坐标系变换间接平差程序界面

7.4.3　软件实现过程

基于 C♯ 的不同空间直角坐标系转换程序开发，主要包括界面设计、各种类的定义以及编写事件代码等内容，按照以下步骤可以完成上述程序。

1. 建立不同空间直角坐标系转换程序项目

单击 VS 图标，在合适的位置建立 Windows 窗体应用程序，并将项目名称修改为不同空间直角坐标系转换程序，并按照图 7-9 完成主窗体界面设计。

2. 添加已经定义的类

左键选中不同空间直角坐标系转换项目，然后使用右键菜单添加文件夹，并将其修改为已有类。左键选中已有类文件夹，使用右键菜单添加类文件，文件名分别为 Data.cs、Matrix.cs、ReadPoints.cs 和 IndAjustModel.cs，并在这些文件内分别复制代码片段 2-1、代码片段 2-14、代码片段 2-27 和代码片段 3-11。需要说明的是，在 Data.cs 文件中定义了 Parameter 数据类型，该类型的补充定义如代码片段 7-1 所示。

代码片段 7-1：

```
public class Parameter
{//布尔莎模型七参数
    public double dX { get; set; }
    public double dY { get; set; }
    public double dZ { get; set; }
```

```
        public double epsilonX { get; set; }
        public double epsilonY { get; set; }
        public double epsilonZ { get; set; }
        public double m { get; set; }
}
```

3. 添加要定义的新类

左键选中不同空间直角坐标系转换项目，然后使用右键菜单添加文件夹，并将其修改为定义新类。左键选中定义新类文件夹，然后使用右键菜单添加类文件，文件名分别为 FileHandle.cs、Calculate.cs、InforsView.cs 和 ParameterResults.cs。这些文件的内容如下：

1) FileHandle 文件

FileHandle 文件主要定义了一个 FileHandle 类（文件处理类），在这个类中定义了 ReadPoints（string Title）点数据读取方法、Report（string str）生成报告方法以及 Points 共有属性字段。ReadPoints（string Title）点数据读取方法主要利用了第 2 章定义的 ReadPoints 类，完成了新旧坐标系点数据的读取。这个类的具体代码详见代码片段 7-2。

代码片段 7-2：

```
public class FileHandle
{
    public Dictionary<string, Point> Points = new Dictionary<string, Point>();
    public void ReadPoints(string Title)
    {
        try
        {
            ReadPoints ReadP = new ReadPoints();
            ReadP.DR_Points(Title);
            Points = ReadP.Points;
        }
        catch (Exception)
        {
            MessageBox.Show("点数据读取失败", "错误提醒", MessageBoxButtons.OK);
        }
    }
    public void Report(string str)
    {
        SaveFileDialog WriteFDialog = new SaveFileDialog();
        WriteFDialog.Title = "输入生产报告项目名称";
        WriteFDialog.Filter = "txt|*.txt|TXT|*.TXT";
        if (WriteFDialog.ShowDialog() == DialogResult.OK)
        {
```

```
        StreamWriter sw = new StreamWriter(WriteFDialog.FileName);
        sw.Write(str);
        sw.Flush();
        sw.Close();
      }
    }
}
```

2）Calculate 类

Calculate 类和前几章中定义的应用类的功能类似，它提供了间接平差观测方程建立方法、观测值权计算方法、未知数初值计算方法以及旧坐标系坐标转换为新坐标系坐标方法。这个类通过 11 个属性和 2 个字段给出了观测方程系数矩阵、观测值权阵、观测值、未知数初值、新坐标系坐标、旧坐标系坐标以及转换后的新坐标系坐标值。这个类的详细代码详见代码片段 7-3，对主要方法给出了详细注释。

代码片段 7-3：

```
public class Calculate
{   //基本输出
    public Matrix B { get; set; } public Matrix l { get; set; } public Matrix P { get; set; }
    public Matrix L { get; set; }
    public Matrix X0 { get; set; }    public Matrix X { get; set; }
    public Dictionary<string, Point> OldPoins { get; set; }
    public Dictionary<string, Point> NewPoins { get; set; }
    public Dictionary<string, Point> PZTransPoints { get; set; }
    public Dictionary<string, Point> DirectTransPoints { get; set; }
    public List<string> CommonPointID { get; set; }
    private IndAjustModel IndAjustM = new IndAjustModel();
    public Parameter parameter = new Parameter();
    public void GetX0() // 获取初值方法
    {
        X0 = new Matrix(7, 1);
        for (int i = 0; i < 7; i++)
        {
            X0.setNum(i, 0, 0);
        }
    }
    public void GetCommonPoint() // 获取公共点
    {
        CommonPointID = new List<string>();
        foreach (var item in NewPoins)
        {
            if (OldPoins.ContainsKey(item.Key)
```

```
            {
                CommonPointID. Add(item. Key);
            }
        }
        CommonPointID. Sort( );//升序排序
    }
    public void CalcErrorEquationB( ) //建立观测方程系数矩阵 B
    {
        B = new Matrix(CommonPointID. Count * 3, 7); int row = 0;
        foreach (var item in CommonPointID)
        {
            B. setNum(row + 0, 0, 1); B. setNum(row + 0, 1, 0); B. setNum(row + 0, 2, 0);
            B. setNum(row + 1, 0, 0); B. setNum(row + 1, 1, 1); B. setNum(row + 1, 2, 0);
            B. setNum(row + 2, 0, 0); B. setNum(row + 2, 1, 0); B. setNum(row + 2, 2, 1);
            B. setNum(row + 0, 3, 0); B. setNum(row + 0, 4, −OldPoins[item]. Z); B. setNum(row + 0, 5, OldPoins[item]. Y); B. setNum(row + 0, 6, OldPoins[item]. X);
            B. setNum(row + 1, 3, OldPoins[item]. Z); B. setNum(row + 1, 4, 0); B. setNum(row +1, 5, −OldPoins[item]. X); B. setNum(row + 1, 6, OldPoins[item]. Y);
            B. setNum(row + 2, 3, −OldPoins[item]. Y); B. setNum(row + 2, 4, OldPoins[item]. X); B. setNum(row + 2, 5, 0); B. setNum(row + 2, 6, OldPoins[item]. Z);
            row = row + 3;
        }
    }
    public void CalcErrorEquationl( ) //建立观测方程常数项阵 l
    {
        l = new Matrix(CommonPointID. Count * 3, 1);
        int row = 0;
        foreach (var item in CommonPointID)
        {
            l. setNum(row + 0, 0, NewPoins[item]. X−OldPoins[item]. X );
            l. setNum(row + 1, 0, NewPoins[item]. Y− OldPoins[item]. Y );
            l. setNum(row + 2, 0, NewPoins[item]. Z− OldPoins[item]. Z );
            row = row + 3;
        }
    }
    public void GetP( )//获取观测值权阵
    {
        P = new Matrix(CommonPointID. Count * 3);
        for (int i = 0; i < P. Col; i++)
        {
            P. setNum(i, i, 1);
```

```csharp
    }
}
public void GetL()//获取观测值
{
    L = new Matrix(CommonPointID.Count * 3,1);
    int row = 0;
    foreach (var item in CommonPointID)
    {
        L.setNum(row + 0, 0, NewPoins[item].X);
        L.setNum(row + 1, 0, NewPoins[item].Y);
        L.setNum(row + 2, 0, NewPoins[item].Z);
        row = row + 3;
    }
}
public void Calc7Parameters()//计算参数
{
    IndAjustM.B = this.B; IndAjustM.l = this.l; IndAjustM.P = this.P;
    IndAjustM.X0 = this.X0; IndAjustM.L = this.L;
    IndAjustM.SolutionEquation(); IndAjustM.AdjustmentCalculation();
    IndAjustM.PrecisionEvaluation();
    X = IndAjustM.X_adjust;
    parameter.dX = X.getNum(0, 0); parameter.dY = X.getNum(1, 0);
    parameter.dZ = X.getNum(2, 0); parameter.epsilonX = X.getNum(3, 0);
    parameter.epsilonY = X.getNum(4, 0); parameter.epsilonZ = X.getNum(5, 0);
    parameter.m = X.getNum(6, 0);
}
public void DirectCoordinateConversion()//直接坐标转换
{
    Point NewP = new Point();
    DirectTransPoints = new Dictionary<string, Point>();
    foreach (var item in OldPoins.Values)
    {
        NewP.X = (1 + parameter.m) * item.X + (parameter.epsilonZ * item.Y -
                parameter.epsilonY * item.Z) + parameter.dX;
        NewP.Y = (1 + parameter.m) * item.Y + (- parameter.epsilonZ * item.X +
                parameter.epsilonX * item.Z) + parameter.dY;
        NewP.Z = (1 + parameter.m) * item.Z + (parameter.epsilonY * item.X -
                parameter.epsilonX * item.Y) + parameter.dZ;
        DirectTransPoints.Add(item.ID, NewP);
    }
}
private Point TransPoint(Point P0) //配置法求改正数
```

```csharp
{
    double P = 0;
    double PXV=0, PYV=0, PZV=0;
    foreach (var item in CommonPointID)
    {
        double newX = (1 + parameter.m) * OldPoins[item].X + (parameter.epsilonZ * OldPoins[item]
                      .Y -
                      parameter.epsilonY * OldPoins[item].Z) + parameter.dX;
        double newY = (1 + parameter.m) * OldPoins[item].Y + (-parameter.epsilonZ * OldPoins
                      [item].X + parameter.epsilonX * OldPoins[item].Z) + parameter.dY;
        double newZ = (1 + parameter.m) * OldPoins[item].Z + (parameter.epsilonY * OldPoins
                      [item].X - parameter.epsilonX * OldPoins[item].Y) + parameter.dZ;
        double ds2 = (OldPoins[item].X - P0.X) * (OldPoins[item].X - P0.X) + (OldPoins[item]
                     .Y - P0.Y) * (OldPoins[item].Y - P0.Y) + (OldPoins[item].Z - P0.Z) * (OldPoins
                     [item].Z - P0.Z);//距离的平方
        double Pi= 1 / (ds2);
        P += Pi;
        PXV += (NewPoins[item].X - newX) * Pi;
        PYV += (NewPoins[item].Y - newY) * Pi;
        PZV += (NewPoins[item].Z - newZ) * Pi;
    }
    Point newP = new Point();
    newP.X = (1 + parameter.m) * P0.X + (parameter.epsilonZ * P0.Y - parameter.epsilonY
             * P0.Z) + parameter.dX + PXV / P;
    newP.Y = (1 + parameter.m) * P0.Y + (-parameter.epsilonZ * P0.X + parameter.epsilonX
             * P0.Z) + parameter.dY + PYV / P;
    newP.Z = (1 + parameter.m) * P0.Z + (parameter.epsilonY * P0.X - parameter.epsilonX
             * P0.Y) + parameter.dZ + PZV / P;
    newP.ID = P0.ID;
    return newP;
}
public void PZCoordinateConversion()//配置法坐标转换
{
    PZTransPoints =new Dictionary<string, Point>();
    foreach (var item in OldPoins)
    {
        if (! CommonPointID.Contains(item.Key))
        {
            Point NewP = new Point();
            NewP = TransPoint(item.Value);
            PZTransPoints.Add(NewP.ID, NewP);
        }
```

			}
		}
	}

3）InforsView 类

InforsView 类的主要功能是输出数据读入、数据处理以及坐标转换的结果。空间直角坐标系转换程序的输出内容主要包括点类型和矩阵类型的数据，在点类型中，为了方便数据处理，给出了 Dictionary 类型与 List 类型的点数据集合。因此，InforsView 类给出以上三种数据集合的方法，这三个方法分别为 PointDataView()、ViewCommonPoint() 和 ViewMatrix()。在数据内容输出中辅助使用了一定特殊字符，如"—""="等，使输出内容格式化、美观、规范。为了降低代码复杂度，这个类给出了两个私有字段，即 private string StrFormat1 和 private string StrFormat1，这两个字段的功能是输出内容中辅助的字符。综上，InforsView 类有两个类、三个方法，详细代码如代码片段 7-4 所示。

代码片段 7-4：

```csharp
public class InforsView
{
    private string StrFormat1 = new string('=', 112);
    private string StrFormat2 = new string('—', 112);
    public void PointDataView(string PointsInfos, Dictionary<string, Point> Points, RichTextBox RText)
    {
        PointsInfos = PointsInfos + "\r\n";
        PointsInfos += StrFormat2 + "\r\n";
        PointsInfos += "数据点个数：" + Points.Count.ToString() + "个" + "\n\r";
        foreach (var item in Points)
        {
            PointsInfos += "ID:" + item.Value.ID + "\r\nX:" + item.Value.X.ToString("f3") + "  Y:" + item.Value.Y.ToString("f3") + "  Z:" + item.Value.Z.ToString("f3") + "\r\n";
        }
        PointsInfos += StrFormat1 + "\r\n"; RText.Text += PointsInfos;
        RText.SelectionStart = RText.TextLength; RText.ScrollToCaret();
    }
    public void ViewCommonPoint(List<string> CommonPointID, RichTextBox RText)
    {
        string PointsInfos = "公共点信息" + "\r\n";
        PointsInfos += StrFormat2 + "\r\n";
        PointsInfos += "公共点个数：" + CommonPointID.Count.ToString() + "个" + "\n\r";
        foreach (var item in CommonPointID)
        {
            PointsInfos += item + "; ";
        }
        PointsInfos += "\r\n" + StrFormat1 + "\r\n";  RText.Text += PointsInfos;
```

```
        RText.SelectionStart = RText.TextLength;      RText.ScrollToCaret();
    }
    public void ViewMatrix(string Title, Matrix M, RichTextBox RText, string format)
    {
        string MatrixInfos = Title + "\r\n";    MatrixInfos += StrFormat2 + "\r\n";
        for (int i = 0; i < M.Row; i++)
        {
            for (int j = 0; j < M.Col; j++)
            {
                MatrixInfos += M.getNum(i, j).ToString(format) + "; ";
            }
            MatrixInfos += "\r\n";
        }
        MatrixInfos += StrFormat1 + "\r\n";    RText.Text += MatrixInfos;
        RText.SelectionStart = RText.TextLength;  RText.ScrollToCaret();
    }
}
```

4) ParameterResults 窗体类

ParameterResults 类为 Windows 窗体类，这个类的界面如图 7-10 所示。该类主要由 Label、TextBox 及 Button 控件组成，各控件属性设置如表 7-2 所示。

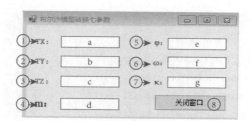

图 7-10 ParameterResults 窗体类

表 7-2 控件属性设置

序号	控件类型	Name 属性	Text 属性	序号	控件类型	Name 属性	Text 属性
①	Label	lb_TX	TX:	a	TextBox	tb_1	
②		lb_TY	TY:	b		tb_2	
③		lb_TZ	TZ:	c		tb_3	
④		lb_Kapa	m:	d		tb_4	
⑤		lb_Omga	φ:	e		tb_5	
⑥		lb_Fai	ω:	f		tb_6	
⑦		lb_m	κ:	g		tb_7	
⑧	Button	Bt_close	关闭窗口				

ParameterResults类的主要功能是输出布尔莎模型的七个转换参数,另外也提供了对这七个参数的修改功能。七个参数的修改结果是在参数显示事件中实现的两个类之间数据的相互传递。这个类主要由一个公有字段和两个方法组成,它们的详细代码如代码片段7-5所示。

代码片段7-5:

```csharp
public partial class ParameterResults : Form
{
    public Parameter parameter1 = new Parameter();
    public ParameterResults(Parameter Parameter1)
    {
        InitializeComponent();
        textBox1.Text = Parameter1.dX.ToString("f6");
        textBox2.Text = Parameter1.dY.ToString("f6");
        textBox3.Text = Parameter1.dZ.ToString("f6");
        textBox4.Text = Parameter1.epsilonX.ToString("e6");
        textBox5.Text = Parameter1.epsilonY.ToString("e6");
        textBox6.Text = Parameter1.epsilonZ.ToString("e6");
        textBox7.Text = Parameter1.m.ToString("e6");
    }
    private void button1_Click(object sender, EventArgs e)
    {
        parameter1.dX = double.Parse(textBox1.Text);
        parameter1.dY = double.Parse(textBox2.Text);
        parameter1.dZ = double.Parse(textBox3.Text);
        parameter1.epsilonX = double.Parse(textBox4.Text);
        parameter1.epsilonY = double.Parse(textBox5.Text);
        parameter1.epsilonZ = double.Parse(textBox6.Text);
        parameter1.m = double.Parse(textBox7.Text);
        Close();
    }
}
```

5) DrawChart类

DrawChart类是利用Chart控件实现的画图类。这个类需要设置画图的区域、描绘的对象(点、线)以及坐标系等。坐标系风格可以通过Chart类的ChartAreas属性进行设置,绘图区域、坐标轴刻度等内容需要根据实际表达的点空间分布进行设置。描绘的对象为点类型,坐标转换前后的点用不同的颜色表示。这个类的详细代码如代码片段7-6所示。

代码片段7-6:

```csharp
public class DrawChart
{
```

```csharp
public void Draw(Chart chart, Dictionary<string, 已有旧类.Point>
                OldPoints,Dictionary<string, 已有旧类.Point> NewPoints)
{
    List<已有旧类.Point> points = new List<已有旧类.Point>();
    points.AddRange(OldPoints.Values);
    points.AddRange(NewPoints.Values);
    int Xmin = (int)points.Min(u => u.X);
    int Xmax = (int)points.Max(u => u.X);
    int Ymin = (int)points.Min(u => u.Y);
    int Ymax = (int)points.Max(u => u.Y);
    //绘图区域,上下、左右扩展
    double distX = (Xmax - Xmin); double distY = (Ymax - Ymin);
    chart.ChartAreas[0].AxisX.Minimum = (int)(Xmin / 1000 - 0.5) * 1000;
    chart.ChartAreas[0].AxisX.Maximum = (int)(Xmax / 1000 + 0.5) * 1000;
    chart.ChartAreas[0].AxisY.Minimum = (int)(Ymin / 1000 - 0.5) * 1000;
    chart.ChartAreas[0].AxisY.Maximum = (int)(Ymax / 1000 + 0.5) * 1000;
    chart.ChartAreas[0].AxisX.Interval = (int)(distX/400) * 100;//分成 5 份
    chart.ChartAreas[0].AxisY.Interval = (int)(distY/400) * 100;//分成 5 份
    foreach (var point in OldPoints.Values)
    {
        Series series = new Series
        {
            ChartType =SeriesChartType.Point, MarkerStyle = MarkerStyle.Triangle,
            MarkerColor = Color.Red, MarkerSize = 5, Label = point.ID};
        series.Points.AddXY(point.X, point.Y);
        chart.Series.Add(series);
    }
    foreach (var point in NewPoints.Values)
    {
        Series series = new Series
        {
            ChartType =SeriesChartType.Point,
            MarkerStyle =MarkerStyle.Circle,
            MarkerColor =Color.Blue,
            MarkerSize = 5,
            Label = point.ID
        };
        series.Points.AddXY(point.X, point.Y);
        chart.Series.Add(series);
    }
}
}
```

4. 添加事件代码

空间直角坐标系变换程序主要由文件操作、数据处理、坐标变换、成果输出等事件构成。需要说明的是，这些事件需要依次完成，因为常常是前面事件为后面事件提供基础数据。这个程序的事件代码主要写在 MainFrm 类里面，这个类是项目的启动窗体，为了保证所有事件正常运行，在这个类里面定义四个共有字段。这四个字段的作用是存储管理新坐标系点坐标、旧坐标系点坐标、计算的中间结果与最终结果。MainFrm 类的字段、构造函数以及每个事件的详细代码，如代码片段 7-7 所示。

代码片段 7-7：

```csharp
public partial class MainFrm : Form
{
    public Dictionary<string, 已有旧类.Point> OldPoints { get; set; }//属性字段
    public Dictionary<string, 已有旧类.Point> NewPoints { get; set; }//属性字段
    public Calculate Calculate1 = new Calculate();//属性字段
    public IndAjustModel IndAM = new IndAjustModel();//属性字段
    public MainFrm()//构造函数,没有变化
    {
        InitializeComponent();
    }
    private void 读取新坐标数据_Click(object sender, EventArgs e)
    {
        FileHandle FileHandle1 = new FileHandle();
        InforsView InforsView1 = new InforsView();
        FileHandle1.ReadPoints("打开新坐标数据文件");
        NewPoints = FileHandle1.Points;
        InforsView1.PointDataView("新坐标数据:", NewPoints, richTextBox2);
        toolStripStatusLabel1.Text = "新坐标数据读取完成";
        toolStripStatusLabel2.Text = "下一步:读取旧坐标数据";
    }
    private void 读取旧坐标数据_Click(object sender, EventArgs e)
    {
        FileHandle FileHandle1 = new FileHandle();
        InforsView InforsView1 = new InforsView();
        FileHandle1.ReadPoints("打开旧坐标数据文件");
        OldPoints = FileHandle1.Points;
        InforsView1.PointDataView("旧坐标数据:", OldPoints, richTextBox2);
        toolStripStatusLabel1.Text = "旧坐标数据读取完成";
        toolStripStatusLabel2.Text = "下一步:公共点识别";
    }
    private void 程序退出_Click(object sender, EventArgs e)
```

```csharp
            Application.Exit();
        }
        private void 公共点识别_Click(object sender, EventArgs e)
        {
            InforsView InforsView1 = new InforsView();
            Calculate1.NewPoins = NewPoints; Calculate1.OldPoins = OldPoints;
            Calculate1.GetCommonPoint();
            InforsView1.ViewCommonPoint(Calculate1.CommonPointID, richTextBox2);
            toolStripStatusLabel1.Text = "公共点识别完成";
            toolStripStatusLabel2.Text = "下一步:建立系数矩阵 B";
        }
        private void 建立系数矩阵 B_Click(object sender, EventArgs e)
        {
            InforsView InforsView1 = new InforsView();
            Calculate1.CalcErrorEquationB();
            InforsView1.ViewMatrix("系数矩阵 B 信息:", Calculate1.B, richTextBox2, "f2");
            toolStripStatusLabel1.Text = "建立系数矩阵 B 完成";
            toolStripStatusLabel2.Text = "下一步:建立常数矩阵 l";
        }
        private void 建立常数项阵 l_Click(object sender, EventArgs e)
        {
            InforsView InforsView1 = new InforsView();Calculate1.CalcErrorEquationl();
            InforsView1.ViewMatrix("常数矩阵 l 转置信息:", Matrix.T(Calculate1.l), richTextBox2, "f2");
            toolStripStatusLabel1.Text = "建立常数矩阵 l 完成";
            toolStripStatusLabel2.Text = "下一步:建立观测值权阵 P";
        }
        private void 建立观测值权阵 P_Click(object sender, EventArgs e)
        {
            InforsView InforsView1 = new InforsView();Calculate1.GetP();
            InforsView1.ViewMatrix("观测值权阵 P 信息", Calculate1.P, richTextBox2, "f0");
            toolStripStatusLabel1.Text = "建立观测值权阵 P 完成";
            toolStripStatusLabel2.Text = "下一步:获取初值 X0";
        }
        private void 获取初值 X0_Click(object sender, EventArgs e)
        {
            InforsView InforsView1 = new InforsView();
            Calculate1.GetX0();
            InforsView1.ViewMatrix("未知数初值转置信息:", Matrix.T(Calculate1.X0), richTextBox2, "f2");
            toolStripStatusLabel1.Text = "获取初值 X0 完成";
```

```csharp
            toolStripStatusLabel2.Text = "下一步:获取观测值 L";
        }
        private void 获取观测值 L_Click(object sender, EventArgs e)
        {
            InforsView InforsView1 = new InforsView();
            Calculate1.GetL();
            InforsView1.ViewMatrix("观测值转置信息:", Matrix.T(Calculate1.L), richTextBox2, "f2");
            toolStripStatusLabel1.Text = "获取观测值 L 完成";
            toolStripStatusLabel2.Text = "下一步:参数计算";
        }
        private void 七参数计算_Click(object sender, EventArgs e)
        {//解法方程
            IndAM.B = Calculate1.B;         IndAM.l = Calculate1.l;
            IndAM.P = Calculate1.P;         IndAM.X0 = Calculate1.X0;
            IndAM.L = Calculate1.L;         IndAM.SolutionEquation();//解法方程
            IndAM.AdjustmentCalculation();//平差计算
            InforsView InforsView1 = new InforsView();
             InforsView1.ViewMatrix("布尔莎模型七参数解算结果:", Matrix.T(IndAM.X_adjust), richTextBox2, "e");
            toolStripStatusLabel1.Text = "参数计算完成";
            toolStripStatusLabel2.Text = "下一步:精度评价";
        }
        private void 计算精度评价_Click(object sender, EventArgs e)
        {
            IndAM.PrecisionEvaluation();//精度评价
            InforsView InforsView1 = new InforsView();
            InforsView1.ViewMatrix("单位权中误差 σ0:"+IndAM.xigema0.ToString("f3") + "\r\n 未知数方差为:", (IndAM.DXX_Ajust), richTextBox2, "e");
            toolStripStatusLabel1.Text = "精度评价完成";
            toolStripStatusLabel2.Text = "下一步:直接坐标转换";
        }
        private void 直接坐标转换_Click(object sender, EventArgs e)
        {
            Calculate1.DirectCoordinateConversion();
            InforsView InforsView1 = new InforsView();
            InforsView1.PointDataView("直接坐标转换数据:", Calculate1.DirectTransPoints, richTextBox2);
            toolStripStatusLabel1.Text = "直接坐标转换完成";
            toolStripStatusLabel2.Text = "下一步:配置坐标转换";
        }
        private void 配置坐标转换_Click(object sender, EventArgs e)
        {
```

```csharp
    Calculate1.PZCoordinateConversion();
    InforsView InforsView1 = new InforsView();
    InforsView1.PointDataView("配置法坐标转换数据:", Calculate1.PZTransPoints, richTextBox2);
    toolStripStatusLabel1.Text = "配置坐标转换完成";
    toolStripStatusLabel2.Text = "";
}
private void 七参数显示_Click(object sender, EventArgs e)
{
    Calculate1.Calc7Parameters();
    ParameterResults PResults1 = new ParameterResults(Calculate1.parameter);
    PResults1.ShowDialog();
    toolStripStatusLabel1.Text = "参数显示完成";
    toolStripStatusLabel2.Text = "下一步:可选择图像绘制";
}
private void 图像显示_Click(object sender, EventArgs e)
{
    DrawChart Draw = new DrawChart();
    Draw.Draw(chart1, OldPoints, NewPoints);
    tabControl1.SelectedTab = tabControl1.TabPages[1];
    toolStripStatusLabel1.Text = "图像绘制完成";
    toolStripStatusLabel2.Text = "";
}
private void 图像清除_Click(object sender, EventArgs e)
{
    chart1.Series.Clear();
    toolStripStatusLabel1.Text = "图像清除完成";
    toolStripStatusLabel2.Text = "";
}
private void 绘制图像_Click(object sender, EventArgs e)
{
    DrawChart Draw = new DrawChart();
    Draw.Draw(chart1, OldPoints, NewPoints);
    tabControl1.SelectedTab = tabControl1.TabPages[1];
    toolStripStatusLabel1.Text = "图像绘制完成";
    toolStripStatusLabel2.Text = "";
}
private void 记录清除_Click(object sender, EventArgs e)
{
    richTextBox2.Clear();
    toolStripStatusLabel1.Text = "记录清除完毕";
    toolStripStatusLabel2.Text = "";
```

}
private void 清除_Click(object sender, EventArgs e)
{
　　chart1.Series.Clear();richTextBox2.Clear();
　　toolStripStatusLabel1.Text ="记录与图像清除完毕";
　　toolStripStatusLabel2.Text ="";
}
private void 输出报告_Click(object sender, EventArgs e)
{
　　FileHandle fileH = new FileHandle();
　　fileH.Report(richTextBox2.Text);
　　tabControl1.SelectedTab = tabControl1.TabPages[2];
　　toolStripStatusLabel1.Text ="输出报告";
}
private void 版本 ToolStripMenuItem_Click(object sender, EventArgs e)
{
　　MessageBox.Show("版本号:V1.0");
}
private void 技术支持 ToolStripMenuItem_Click(object sender, EventArgs e)
{
　　MessageBox.Show("请联系：******");
}
}

7.4.4 软件操作方法

以图 7-11 内的数据为例验证程序的正确性，并给出程序的操作步骤。

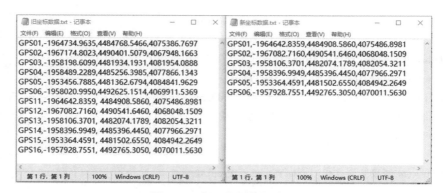

图 7-11　新旧坐标数据格式

这个软件操作的基本思路为数据读入→数据准备→数据处理→成果输出等四个阶段，主要步骤如下：

1. 数据输入

使用鼠标左键依次单击菜单栏的文件→新坐标数据→旧坐标数据菜单按钮，在随后弹出的文件对话框中，分别选择新坐标数据文件和旧坐标数据文件，完成数据的读入。新、旧坐标数据读入完成后，会在信息窗口中输出读入的新、旧坐标数据。新、旧坐标数据的格式如图 7-11 所示，数据的读入结果如图 7-12 所示。

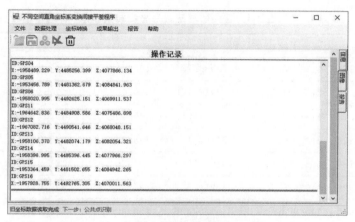

图 7-12　新、旧数据的读入结果

2. 数据处理

使用鼠标左键依次单击菜单栏的数据处理→公共点识别→建立系数矩阵 B→建立系数矩阵 l→建立观测值权阵 P→获取初值 X0→获取观测值 L。需要注意的是，这些操作需要按照上述操作的先后顺序完成。每一步骤处理的结果也会在信息窗口中输出，如图 7-13 所示。

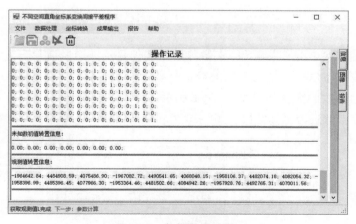

图 7-13　数据处理结果

3. 坐标转换

使用鼠标左键依次单击菜单栏的坐标转换→参数计算→精度评价→直接坐标转换→间接坐标转换菜单按钮。参数计算是间接平差法实现的布尔莎模型七参数计算，精度评价是对平差计算的七个参数进行理论精度评价，这些计算结果包括坐标转换结果均显示在输出信息窗口中。坐标转换给出了直接法坐标转换与配置法坐标转换，表 7-3 给出了这两种转换方法的计算结果。

表 7-3 直接法与配置法坐标转换结果

点名	X_Z	Y_Z	Z_Z	X_P	Y_P	Z_P
GPS01	−1964734.964	4484768.547	4075386.770	−1964642.836	4484908.586	4075486.898
GPS02	−1967174.802	4490401.508	4067948.166	−1967082.716	4490541.646	4068048.151
GPS03	−1958198.610	4481934.193	4081954.089	−1958106.370	4482074.179	4082054.321
GPS04	−1958489.229	4485256.399	4077866.134	−1958396.995	4485396.445	4077966.297
GPS05	−1953456.789	4481362.679	4084841.963	−1953364.459	4481502.655	4084942.265
GPS06	−1958020.995	4492625.151	4069911.537	−1957928.755	4492765.305	4070011.563
GPS11	−1964642.836	4484908.586	4075486.898	−1964550.708	4485048.625	4075587.027
GPS12	−1967082.716	4490541.646	4068048.151	−1966990.630	4490681.784	4068148.136
GPS13	−1958106.370	4482074.179	4082054.321	−1958014.130	4482214.165	4082154.553
GPS14	−1958396.995	4485396.445	4077966.297	−1958304.761	4485536.491	4078066.460
GPS15	−1953364.459	4481502.655	4084942.265	−1953272.130	4481642.631	4085042.567
GPS16	−1957928.755	4492765.305	4070011.563	−1957836.515	4492905.458	4070111.589

说明：下标为 Z 和 P 的坐标分别指直接法和配置法坐标转换的结果。

4. 成果输出

使用鼠标左键依次单击成果输出→参数显示→图像显示→图像清除→记录清除菜单按钮。这些操作主要完成了布尔莎模型七参数的显示、坐标转换前后的平面位置以及操作记录的清除。布尔莎模型七参数的显示结果如图 7-14 所示。可以在这个窗口中对七个参数进行修改，然后利用新的七个参数进行坐标转换。图 7-15 为转换前后新旧坐标的平面位置。

图 7-14 模型参数计算结果

第 7 章　空间坐标转换程序设计与实现

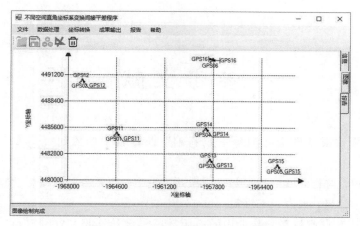

图 7-15　坐标变换前后平面位置图

使用鼠标左键单击输出报告菜单按钮。这一操作将会把坐标转换的参数、坐标转换的结果、转换的精度、项目生产的基本情况等信息合成项目报告，并以指定文件名称和位置保存。

◎习题

（1）三维空间直角坐标转换间接平差程序主要分为哪些步骤？每一步的主要计算方法是什么，在这些步骤中你觉得哪一步最关键？

（2）本章给出的间接平差程序中你认为哪些类可以优化？请尝试着对本章的代码进行改进。

参 考 文 献

[1] 张书毕. 加强"误差理论与测量平差基础"课程教学的探讨 [J]. 测绘通报, 2004, (5): 56-57.

[2] 赵兴旺, 刘超, 陈健, 等. 新形势下"误差理论与测量平差基础"教学改革研究 [J]. 测绘与空间地理信息, 2022, 45 (7): 11-14.

[3] 白征东. Matlab 在测量平差教学中的应用 [J]. 测绘通报, 2009 (11): 73-76.

[4] 余远景. 基于 Excel VBA 开发的水准数据处理程序 [J]. 城市勘测, 2020 (6): 160-163.

[5] 柳华桥, 梅连辉. 基于 C♯的数字水准仪数据处理系统开发研究 [J]. 测绘地理信息, 2014, 39 (1): 60-63+66.

[6] 李英兵. 测绘程序设计（上册、下册）[M]. 武汉: 武汉大学出版社, 2020.

[7] 王穗辉. 误差理论与测量平差 [M]. 3 版. 上海: 同济大学出版社, 2020.

[8] 李玉宝, 莫才健, 兰纪昀, 等. 测量平差程序设计 [M]. 2 版. 成都: 西南交通大学出版社, 2017.

[9] 武汉大学测绘学院测量平差学科组. 误差理论与测量平差基础 [M]. 3 版. 武汉: 武汉大学出版社, 2014.

[10] 宋力杰. 测量平差程序设计 [M]. 北京: 国防工业出版社, 2009.

[11] 戴吾蛟, 王中伟, 范冲, 等. 测绘程序设计基础（VC++.NET 版）[M]. 2 版. 长沙: 中南大学出版社, 2014.

[12] 曾文宪, 方兴, 黄海兰, 等. 测量平差课程建设与实践 [J]. 测绘地理信息, 2022, 47 (S1): 25-28.

[13] 杨宏斌, 孟福军, 岳胜如. 基于 Matlab 的测量平差程序设计与实现 [J]. 黑龙江科学, 2021, 12 (16): 33-35.

[14] 曹元志, 黄长军, 叶巧云. 误差理论与测量平差案例式辅助教学研究与分析 [J]. 高教学刊, 2020 (31): 93-95, 99.

[15] 刘占云. 基于 Excel 的导线控制测量的数据处理 [J]. 国防交通工程与技术, 2019, 17 (2): 72-77.

[16] 王振兵. MATLAB 程序设计在水准测量数据处理中的应用 [J]. 科技创新与生产力, 2018 (2): 35-37.